わかる！使える！

熱処理入門

田原 譲［著］
Tahara Yuzuru

日刊工業新聞社

【 はじめに 】

「熱処理」はよく耳にする単語ですが、その作業自体は極めて現場的で、熱処理の理論を学生のうちから体系的に学んでいる人はあまり多くはないのではないでしょうか。それなりにおもしろい分野だと思いますが、実際に実業として取り組むと意外と難しい面があります。

私は学生時代から金属を学んでおり、社会に出てからもずっと金属に触れる仕事に従事してきたため、金属の熱処理には強い親しみを持っています。

熱処理の基礎は「鉄」にあります。その鉄は地球にたくさん存在し、宇宙全体でも支配的元素と位置づけられています。機械部品や建築構造材など、人間社会になくてはならない元素です。ただ鉄は、そのままではあまり頼りにならない元素でもあります。素質はあるけれども、能力的には不十分といったところです。そこで、不十分なところをカバーするのが熱処理という手段です。熱処理することによって硬くもなるし、強くもなります。ばね性を持たせたり、衝撃にも耐えられるようにもなります。

私自身は自動車メーカーで機械部品の開発製造に携わり、その後、金属部門のコンサルタントとして数社の熱処理現場の実務を見聞きしてきました。その経験をもとに、実務に沿って熱処理全般の基本的な事項を入門書としてまとめたのが本書です。

熱処理の基本は、まず3つあります。「焼ならし」と「焼なまし」と「焼入れ焼戻し」です。これらをしっかり理解できれば、熱処理の半分以上はわかります。他にも、いろいろな種類の熱処理がありますが、この3つの派生と考えることができます。

一般的に熱処理は難しいと思われているようですが、それはなぜなのでしょうか。熱によって金属の原子レベルの構造が変化すること、加熱や冷却によってものの内部に3次元の温度分布ができること、原子の状態が変わることで各部位の体積も変わってしまうこと。そういうさまざまな変化を見せるため、理解しづらいと感じてしまうのでしょう。

たとえ話にするとわかりやすいと思います。ラッシュ時の満員電車内で考えると、車内の状態はさまざまで決して均一ではありません。混雑している

ところと、比較的空いているところが混在しています。同様に、熱処理を行う前の素材内部も均質ではありません。満員電車に乗ると、周りからぎゅうぎゅう押されて身体に圧力を感じますが、みんなが少し隙間を詰めたり、空けたり、工夫をすることで落ち着ける状態になります。熱処理では、焼ならしという手法でぎゅうぎゅう状態をなくして均質な状態にします。

　さらに、焼なましを行うことで、みんなが悠々と足を伸ばせるほどゆったりした状態にすることができます。それによって、素材は加工しやすい状態になります。さらに、焼入れ焼戻しによって、硬く強くすることもできます。それぞれの方法にはバリエーションがありますが、それを使い分けながら、さまざまな熱処理を施していくのです。

　熱処理のプロになるためには、まず熱処理の理論をしっかり把握することです。次に、実務としての要領を考えること。さらに、品質に責任を持って顧客に提供できるようになることが求められます。

　熱処理の基本理論は同じですが、実際の熱処理の現場では、同じものをたくさん作る大量生産と、生産数が少ないロット生産、1つひとつ作るものが異なる単品生産では、その手法も考え方も異なります。

　大量生産では、製造技術そのものだけでなく、たくさんの製品をどれほど効率良く生産できるかが求められます。利用するエネルギーを最小化する一方で、得られる収益を最大にすること、つまり、生産性が重要課題となります。また、部品の寸法がメートルオーダーであるような単品生産もあります。いずれも要求される熱処理品質をいかに実現するかが求められますが、当たり前ですが両者では、生産設備も、手法も、手順も異なります。そのためにすべてをこなせるオールマイティな熱処理業者は少なく、それぞれ専業分化が進んでいます。しかし、熱処理する対象が異なっても、原子レベルの挙動をコントロールする熱処理技術の基本は同じです。本書が、その理解に少しでもお役に立てれば幸いです。

　最後に、本書を執筆する機会を与えていただき、編集、校正に多大なご指導をいただきました日刊工業新聞社出版局のみなさまに深く御礼を申し上げます。

2019年1月　　　　　　　　　　　　　　　　　　　　　　　田原　譲

わかる！使える！熱処理入門

目　次

はじめに

【第1章】
これだけは押えておきたい
熱処理の基礎知識

1　熱処理の基礎知識

- 鉄の特性・**8**
- 熱処理の原理・**10**
- 要求性能と材料と熱処理・**12**
- 熱処理の利用例・**14**
- 機械的性質・**16**
- 鉄鋼材料の熱処理の基本・**18**
- 焼入れ性と質量効果・**20**
- 熱応力と変態応力・**22**
- 金属組織の種類・**24**
- 鉄－炭素平衡状態図・**26**
- 等温変態状態図（TTT線図）・**28**
- 連続冷却状態図（CCT線図）・**30**

2　材料の基礎知識

- 熱処理と鉄鋼材料・**32**
- 鉄鋼材料と炭素・**34**
- 機械構造用鋼・**36**
- 添加元素の働き・**38**
- 工具鋼・**40**
- 金型鋼・**42**
- 高速度鋼・**44**
- 軸受鋼・**46**

- ばね鋼・48
- ステンレス鋼・50
- 鋳鉄・52
- アルミニウム合金・54

【第2章】熱処理の実作業

1 熱処理作業のいろいろ

- 焼ならし・58
- 焼なまし・60
- 焼入れ・62
- 焼戻し・64
- サブゼロ処理・66
- 等温処理・68
- 固溶化処理と時効処理・70
- 高周波焼入れ・72
- 浸炭・74
- 軟窒化処理・76

2 熱処理の品質管理

- 品質確認と対策・78
- 外観品質と材料成分・80
- 硬さ・表面硬さ・82
- 硬さ分布・84
- 火花試験・86
- 金属組織・88
- 引張試験・90
- 疲労試験・92
- 衝撃試験・94
- 耐食性試験・耐候性試験・96

【第3章】きちんとした準備・段取りが不具合を防ぐ

1 熱処理の不具合

- どんな不具合があるのか？・**98**
- ひずみ・**100**
- 曲り・**102**
- 割れ・**104**
- 焼むら・**106**
- 焼戻し脆性・**108**
- 水素脆性割れ・**110**
- 高周波焼入れのひずみ・**112**
- 熱処理工程前後に注意すべき項目・**114**
- 熱処理のトラブルシューティングリスト・**116**

2 現場で進める準備と段取り

- 熱処理工程・**118**
- 熱処理作業の設備の準備・**120**
- 熱処理作業の手順・**124**
- 均熱化（予熱、段階的加熱）・**130**
- 焼戻しの注意点・**132**
- 浸炭の品質・**134**
- クランクシャフトの熱処理に見る段取り・**136**
- ミッションギアの熱処理に見る段取り・**138**

コラム

- 受け身と能動・**56**
- 熱処理品質の評価・**140**

- 参考文献・引用文献・**141**
- 索　引・**142**

【第1章】

これだけは押えておきたい
熱処理の基礎知識

1 熱処理の基礎知識

鉄の特性

❶鉄の存在
　鉄（Fe）は地球に豊富に存在します。地球の全重量の約38％が鉄で、表層部分である地殻に約5％が存在しています（図1-1）。自然界では、鉄は酸化物形態で存在しており、金属鉄として取り出しやすい組成になっていることから広く利用されています。
　ちなみに、地球上でもっとも多い金属元素はアルミニウム（Al）ですが、アルミニウムは原石から純アルミニウムを取り出すまでに多量の電気が必要なために、広く使われるようになるまで長い時間がかかりました。

❷鉄の構造
　金属で、結晶構造が変化することで性質も変わることを「変態」といいますが、鉄には2つの変態点があります。図1-2に示すように、純鉄を昇温させていくと、910℃で「フェライト」という組織から「オーステナイト」という組織に変わり、さらに1400℃で「オーステナイト」からまた「フェライト」に変わります。鉄は、炭素（C）と結合することで合金を作りますが、その炭素量によって硬さや強さが変化します。その性質を利用して、有益な金属材料を作ることができます。
　フェライトは、鉄の原子が立方体の8つの角と中心に1個（計9個）存在する結晶構造（体心立方格子）をしています。一方、オーステナイトは、立方体の8つの角と6つの各面の中央に1個（計14個）存在する結晶構造（面心立方格子）になっています（図1-3）。オーステナイトの結晶組織の方が原子間の空隙が大きいため、炭素など他の原子が入り込みやすい構造になっています。

❸鉄の熱処理性
　鉄鋼材料は、面心立方格子のオーステナイト組織を高温状態から徐冷すると、体心立方格子のフェライト組織になります。一方、急冷すると「マルテンサイト」という別の組織になります。原子間に多くの炭素を持っている方が組織は硬く、また強くなります。その性質を利用して、焼入れなどの熱処理を行います（次項でもう少し詳しく解説します）。
　鉄自身は軟らかく、錆びやすいため、そのままでは何にでも使えるというわ

けにはいきません。そこで鉄に炭素を結合させた炭素鋼が鉄鋼材料のベースとなります。鉄鋼材料には、基本的に「鉄鋼5元素」と呼ばれる炭素（C）、シリコン（Si）、マンガン（Mn）、リン（P）、硫黄（S）という5つの元素が含まれています。この中で炭素が、材料の性質にもっとも大きな影響を与えます。さらに、ニッケル（Ni）、クロム（Cr）、モリブデン（Mo）、タングステン（W）、バナジウム（V）などの元素を添加して合金鋼とし、適切な熱処理を施すことによって優れた機械的性質を得ることができます。また、鉄は磁性を持つ数少ない元素であり（他はコバルト（Co）とNiのみ）、機能材料として有益な材料になっています。

　熱処理はいろいろな金属材料に施されますが、鉄鋼材料の熱処理がもっとも基本であり、これを理解しておくことは他の金属の熱処理を理解するうえで大いに役に立ちます。

図 1-1 | 地球に多く存在している鉄

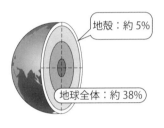

図 1-2 | 純鉄の変態点と組織

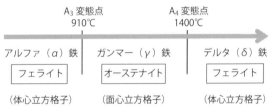

A_3 変態点：α鉄とγ鉄の変態温度（純鉄の場合 910℃）
A_4 変態点：γ鉄とδ鉄の変態温度（純鉄の場合 1400℃）

図 1-3 | 鉄の原子構造

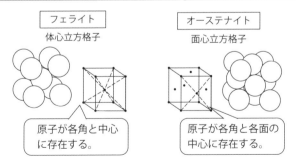

要点 ノート

鉄は変態することで大きな能力を発揮する、人類にとってもっとも役に立つ材料の1つです。

1 熱処理の基礎知識

熱処理の原理

❶マルテンサイト変態

　鉄鋼材料を硬くするために「焼入れ」と称する熱処理を行います。まず、鉄鋼材料を変態点温度以上に加熱してオーステナイト組織にすることで、鉄原子の間に炭素原子を数多く入り込ませます。次に急速冷却をして、鉄原子の中に多くの炭素原子が閉じ込められた窮屈な構造である、非常に硬い組織（マルテンサイト組織）にします。これが「マルテンサイト変態」です。焼入れ硬さは、炭素量が多いほど硬くなります（図1-4）。

　マルテンサイト変態は、オーステナイト状態から急冷すると起こる変態挙動で、その冷却速度が速いほど多くのマルテンサイト組織になります。マルテンサイト変態の起こる温度Ms点は炭素量（％）が多いほど低く、マルテンサイト変態の終わる温度Mf点も低くなります。炭素量0.6％を超えるものは、0℃以下にもなります（図1-5）。

　ここで変態が終わらなかったオーステナイト組織は、「残留オーステナイト」として残ります。残留オーステナイトは放っておくと自然に徐々に変態してしまうので、寸法変化などの不具合の原因になります。そのため「サブゼロ処理」という低温状態に保持することで、強制的にマルテンサイト組織に変態させる処理方法があります。ただし、残留オーステナイトはマルテンサイト組織に比べ軟らかいため、ギアの歯面などなじみ性が求められる場合に、残留オーステナイトの摺動性が寄与する場合もあります。

❷固溶化処理・析出硬化処理

　鉄鋼材料を硬化させるもう1つ方法に、「固溶化処理・析出硬化処理」があります。これは、ある温度以上に加熱することで添加元素を十分に素地に溶け込ませた後、冷却することで溶け込んだ元素を強制的に析出させるというものです。この例としては、ステンレス鋼があります。ちなみにアルミニウム合金では、同様な処理を「溶体化処理・時効処理」と称しています。

　さらに、鉄鋼材料で硬化の効果を得る別の熱処理として、高合金鋼を焼戻す2次硬化があります。固溶化処理・析出硬化処理と同じような現象で、モリブデン（Mo）、タングステン（W）、バナジウム（V）などの添加元素が炭素と

結びついて高硬度炭化物を作りますが、それが焼戻しで数多く生成されることでコンクリートにおける砂利的存在効果を生み、耐摩耗性の向上に大きく寄与します。

図 1-4 | 焼入れ硬さと炭素量の関係

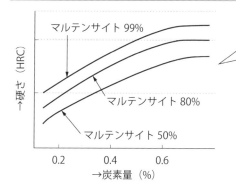

横軸は炭素量（%）、縦軸は硬さ（ロックウェル硬さ、HRC）で、炭素量が多いほど硬くなり、マルテンサイト組織が多いほど硬くなることを示している。

図 1-5 | Ms 点、Mf 点と炭素量の関係

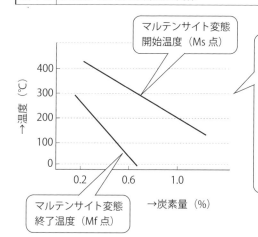

焼入れ時の冷却温度と炭素量の関係を示したもので、横軸は炭素量（%）、縦軸は冷却時の温度（℃）を表している。マルテンサイト変態の起こる温度 Ms 点は炭素量が多いほど低く、また、マルテンサイト変態の終わる温度 Mf 点も低くなる。炭素量 0.6%を超えるものは 0℃以下にもなる。

要点 ノート

鉄鋼材料はマルテンサイト変態をすることで硬く、強くなり、炭素量が多いほど硬く、強くなります。そのため、強度部材には中高炭素鋼が用いられます。

1 熱処理の基礎知識

要求性能と材料と熱処理

❶求められる性能

世の中の機械構造用材料に求められる性能とは、各製品の使用実態に応じて求められる機械的な性質のことです。

例えば、
- すぐ壊れてはいけない ⇒ 引張強さ、曲げ強さ
- 摩耗を抑えたい ⇒ 耐摩耗性、硬さ
- 長く使いたい ⇒ 耐久性、疲れ強さ
- 少しの衝撃で簡単に壊れては困る ⇒ 耐衝撃性、粘さ
- すぐ錆びては困る ⇒ 耐食性

などです。

こうした要求を満たすためには、適切な材料を選ぶ必要があります。

適切な材料とは、硬さ、強さ、伸び、耐衝撃性、耐食性などの性能が、使用時にかかる負荷以上のポテンシャルを有する材料ということになります。それを提供するためには、適切な鋼種を選択し、熱処理を組み合わせることが求められます。

機械構造用材料の主たる材料は「鉄鋼材料」ですが、その中で基幹材料になるのは鉄と炭素の合金である「炭素鋼」です。この炭素鋼に特性に応じた性能を発揮する合金元素を添加したものが「合金鋼」になります。

❷材料と熱処理の組み合わせ

機械部品の製造において考えなければいけないのは、要求性能、生産性、コストです。

もちろん性能を一番に考えて設計しますが、商品として成り立つことが前提条件です。鉄鋼材料を採用すると決めてもコストが安い方が良く、そのためにはできるだけ安い材料を選び、熱処理も最小限にとどめるとともに、熱処理を含めた製造の容易さも判断しなければなりません。手間暇もコストもかかる製造方法は好ましくありません。品質を確保して、なおかつもっとも安く作るのが生産性確保です。そのためには、材料選択や熱処理仕様にベストな選択が求められます。

図1-6に鉄鋼材料と熱処理の組み合わせのイメージを示します。

まず、使われる時の負荷や製品全体のレイアウトから部品の形状設計がなされます。次に、コストを考えながら材料選択に入ります。炭素鋼を候補に選んで検討を行い、それで問題がなければ炭素鋼に決まります。寸法との兼ね合いを考えて、より強い材料であれば製品がコンパクトにできたり、炭素鋼では疲れ強さで持ちそうにないなど、別の材料が求められることもあります。そういう場合は、改めて求められる性能を満たす材料および熱処理の選択を行います。図のような関連性を考えるとともに、コストも意識しながらのベストの選択が求められます。

図1-6 | 炭素鋼と合金化・熱処理の組み合わせのイメージ

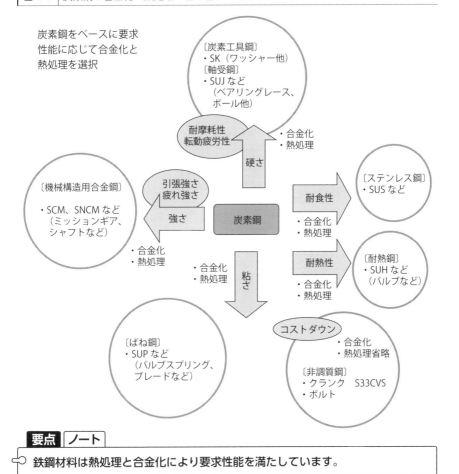

要点 ノート

鉄鋼材料は熱処理と合金化により要求性能を満たしています。

1 熱処理の基礎知識

熱処理の利用例

　熱処理の目的は、機械などの部品に求められる性能を金属素材に付加することです。この場合の性能とは、硬さ、強さ、伸び、粘さ、耐食性、耐熱性といった機械的性質のことですが、材料単味でその要求を満たすには限界があり

表 1-1 | 自動車に使われる部品の要求性能と材料

部品		要求性能	材料	熱処理	表面処理
ピストン		耐熱性 摺動性、耐摩耗性	アルミ鋳物	T6 T7	ヘッド―ニッケルめっき ピンボス―アルマイト
ピストンリング		強さ 耐摩耗性	FCD（球状黒鉛鋳鉄） ばね鋼 ステンレス鋼	焼入れ焼戻し	ハードクロムめっき
ピストンピン		強さ 耐摩耗性	肌焼鋼 軸受鋼	浸炭 焼入れ焼戻し	
シリンダー	バレル	耐熱性 摺動性 耐摩耗性	アルミ鋳物	T7	内面―クロムめっき 　　　ニッケルめっき
	スリーブ		鋳鉄	焼ならし	
クランクシャフト	一体型	強さ 疲れ強さ 耐摩耗性	鋳鉄		
			高炭素鋼	焼ならし 調質	ガス軟窒化 ピン部―高周波焼入れ
			非調質鋼		ピン部―高周波焼入れ
	組立式型		高炭素鋼	焼ならし 調質	ガス軟窒化 ピン部―高周波焼入れ
			肌焼鋼	浸炭	
			軸受鋼	焼入れ焼戻し	
コンロッド		強さ	肌焼鋼	浸炭	端面―硬質クロムめっき
カムシャフト		強さ 粘さ	FC（片状黒鉛鋳鉄）		一部―チルカム
			肌焼鋼	浸炭	軟窒化
バルブ		耐熱性、摺動性 耐摩耗性	耐熱鋼		
バルブスプリング		耐摩耗性、ばね性	シリコンクロムオイル テンパー線	焼入れ焼戻し	ショットピーニング
カウンターシャフト		強さ	肌焼鋼	浸炭	一部―軟窒化
ミッションギア		強さ、疲れ強さ 耐ピッチング性 耐摩耗性	肌焼鋼	浸炭	一部―浸硫処理
プライマリーギア		強さ、疲れ強さ 耐ピッチング性 耐摩耗性	高炭素鋼	調質	歯部―高周波焼入れ
ホイール		強さ、疲れ強さ	アルミ鋳物	T6	
エキゾーストパイプ		耐熱性	ステンレス鋼		耐熱塗装
フレーム（2輪）		強さ、疲れ強さ	炭素鋼鋼管		塗装
クランクケース		強さ	ADC12（アルミダイカスト）		
ボルト類		強さ、疲れ強さ 耐食性、	低中炭素鋼 合金鋼	焼入れ焼戻し	めっき＋ベーキング
ドアビーム		強さ、粘さ	炭素鋼鋼管	調質	高周波焼入れ

※ T6、T7 は 55 ページ参照

ます。例えば、鉄も本来は硬い材料ですが、工具としては十分ではありません。また、他の金属より使いやすい鉄ですが、すぐに錆びてしまう弱点もあります。そういった基本的な性質から、機械的な要求に応えられるように改善するために熱処理が施されます。世の中にはいろいろな分野で多くの部品が用いられていて、それぞれに各種の性能を引き出すための工夫がされています。表1-1に自動車に使われる部品の要求性能と材料の適用例を示します。

事例 事例クランクシャフトの要求性能

クランクシャフトにおいて、ピンやジャーナル表面には硬さや耐摩耗性が求められます。隅R部には疲れ強さ、端部のテーパーやねじには硬さが求められます（図1-7）。

図 1-7 | クランクシャフトの要求性能

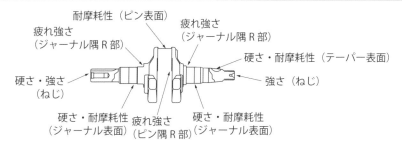

事例 ミッションギアの要求性能

ミッションギアにおいては、歯面に耐摩耗性、耐ピッチング性、歯元（歯底）には疲れ強さが求められます（図1-8）。

図 1-8 | ミッションギアの要求性能

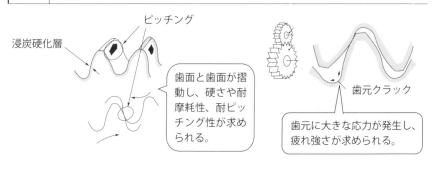

要点 ノート

機械部品には、それぞれの要求に応じた性能を付加するために熱処理が施される。

機械的性質

機械部品などに求められる主要な性能として次のものがあります。

❶硬さ

鉄鋼の機械的性質は、炭素量と深い関係があります。炭素量が多いほど硬さは増しますが、同時に引張強さも高くなります。高炭素鋼が強度部材として利用されることが多いのはそのためです。硬さと引張強さが高くなる反面、衝撃強さや伸びなどは低くなります。炭素量が多くなると強くはなるものの、粘さが減ってくるということです。図1-9にその内容を示します。

❷引張強さと伸び

縦軸に荷重（応力）、横軸に伸び（ひずみ）をとり、荷重と伸びの関係を示した線図を「荷重−伸び線図」といいます。材料の強さの判断は、初期の比例関係の最上位点である降伏点で示される「降伏強さ」と、全領域中の最大点である「引張強さ」の値を見て行います。また、横軸での破断点までの長さである伸び量が、材料の粘さのレベルを示します。図1-10に模式図を示します。

❸疲れ強さ

各機械部品は、使用中に繰り返し荷重を受けます。これを「疲労」といいます。特定の疲労レベルを10の7乗回繰り返して与え続けても破壊されない場合、その負荷ではその先もずっと疲労破壊はしないポテンシャルであると判断されます。これを「疲労限」といいますが、この疲れに対する強さの値は引張強さと一定の比例関係にあります。その係数は試験で確認されていて、おおよそ0.2〜0.4位になります。

疲れ強さの目安値＝引張強さ×0.2〜0.4
　※回転曲げ、引張圧縮、ねじり疲れ試験で少し異なります

❹耐衝撃性

材料の粘さを評価する場合には引張試験で伸びや絞りを測定しますが、耐衝撃性については衝撃試験を行い、打撃による衝撃エネルギーをどのくらい吸収するかで判断します。鉄鋼材料では、引張強さが高いほど耐衝撃性が低くなり

ます（第2章で詳しく解説します）。

図 1-9 | 炭素鋼における各種機械的性質と炭素量の関係

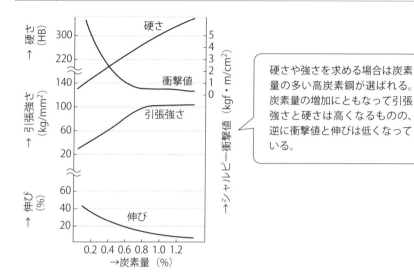

硬さや強さを求める場合は炭素量の多い高炭素鋼が選ばれる。炭素量の増加にともなって引張強さと硬さは高くなるものの、逆に衝撃値と伸びは低くなっている。

図 1-10 | 荷重（応力）－伸び（ひずみ）線図

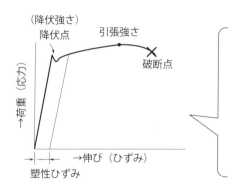

引張試験でかかる荷重と材料の伸びの関係を示している。初期の比例関係の領域を弾性域といい、除荷すると伸びはゼロに戻る。弾性域を超えて負荷をかけた場合、伸びはゼロに戻らずに塑性ひずみが残る。また、引張強さとは領域中の最大点を指す。

要点 ノート

機械的性質の確認は、まず引張試験で調べます。炭素量と相関があります。

1 熱処理の基礎知識

鉄鋼材料の熱処理の基本

　熱処理は、目的に応じたさまざまな種類があります。大きくは、部品全体を熱処理するものと、表面を熱処理するものに分けられます。おのおのの部品にどのような性能が求められるかで選択しますが、鉄鋼材料の主な熱処理の目的としては次のものがあります。

- 硬くしたい、強くしたい

　部品全体の熱処理としては、焼入れ焼戻し、固溶化処理・析出硬化処理などがあります。部分的な熱処理としては、高周波焼入れ、浸炭、軟窒化、浸炭窒化などがあります。

- 軟らかくしたい

　部品全体の熱処理は、焼なましになります。機械部品は加工しやすさを求められ、材料が硬いと加工しにくいため軟らかくします。

- 全体を均質な品質にしたい

　全体処理としては、焼ならしで部品全体を均一な組織にすることで硬さも均一にします。内部に残る残留ひずみや応力をなくし、均一な状態にする目的で施す熱処理としては、応力除去焼なましがあります。また、析出する炭化物であるセメンタイトを網状の状態から全体に均質に散在させる目的で施す熱処理としては、球状化焼なましがあります。

　表1-2に鉄鋼材料の熱処理の概要を示します。

❶全体熱処理の概要

　熱処理は、どのような材料にでも効果あるわけではありません。焼入れや焼戻しなどにより焼きが入るのは、炭素がある程度以上含まれている材料です。また、鉄鋼材料の熱処理は、変態点で結晶構造が変わることを利用しますが、この効果を得るためには必ずオーステナイト領域まで加熱することが必要です。

　焼入れの効果は、冷却速度の違いに左右されます。速く冷やすことでマルテンサイト組織になり、この組織が多いほど硬くなり、強くなります。速く冷やすためには、水の中に入れるなど冷却効果のある液体溶媒を利用します。

　ただし、加熱温度には上限があります。炭素を過剰に固溶したオーステナイ

ト組織は、焼入れ後にマルテンサイト組織に変態できず、残留オーステナイトとして硬くならない状態で残ることがあります。残留オーステナイトは、後々自然に変態して変形やひずみなどの原因になります。そのため、強制的に残留オーステナイトをなくすサブゼロ処理という熱処理を行う場合もあります。

焼入れの冷却は、材料や部品形状などによっては空冷方式でも可能な場合があります。空冷方式による焼入れにおいて、その焼入れ性を高めることができる元素を添加した合金鋼もあります。

焼入れ後はできるだけ早く間を空けないで焼戻しを行います。

焼戻しの加熱温度は、変態点以下の温度になります。低温焼戻し、高温焼戻しなど、いくつかの方法があり、粘さを得るといった目的にあわせて使い分けます。ただし焼戻しは、処理温度により組織が脆くなる現象が出る温度域があるため、この温度域は避けるよう注意が必要です。

❷表面熱処理の概要

機械部品の使用実態から表面と内部を比較すると、曲げ、ねじりなどの負荷をかけた場合、内部よりも表面層でより大きな応力が発生します。そのため金属表面を硬くしたい、強くしたいというニーズがあります。また、耐摩耗性などを高めるために表面層を硬くしたいというニーズもあります。

表 1-2 鉄鋼材料の主な熱処理

	処理名	内容
全体熱処理	焼ならし	加工の影響を除き、結晶粒を揃える
	焼なまし	軟化させる
	焼入れ焼戻し	所定の温度（オーステナイト化温度）に加熱後急冷し、マルテンサイト組織を得る。その後、粘さを得るため加熱し空冷する
	固溶化処理・析出硬化処理	析出元素を十分溶け込ました後、冷却して析出させる
表面熱処理	高周波焼入れ	表層のみ高周波で焼入れして高い硬さを得る
	浸炭	肌焼鋼（炭素が0.3%程度までの低炭素鋼）。表面から炭素を浸入させ、表面層の炭素量を高めることで表面を硬化させる
	軟窒化	炭素鋼、合金鋼。表面層に窒素化合物層を生成して、疲れ強さ、耐食性向上を図る
	浸炭窒化	浸炭と軟窒化を同時処理で行う

> **要点 ノート**
> 熱処理の基本的な目的は焼ならしで均質化し、焼なましで軟らかくし、焼入れ焼戻しで硬く、強くすることです。目的に応じた性能が熱処理によって付与されます。

1 熱処理の基礎知識

焼入れ性と質量効果

❶焼入れ性
　同じ条件で焼入れをしても、材料によって焼きの入り方に違いが出ます。より深くまで焼きが入ることを「焼入れ性が良い」といいます。マンガン（Mn）、モリブデン（Mo）、クロム（Cr）などを添加した合金鋼は、炭素鋼よりも焼入れ性が良くなります（図1-11））。

❷焼入れ性の評価方法
　焼入れ性の評価は、「ジョミニー式焼入れ試験」という試験方法で調べます。試験片（径25 mm、長さ100 mmの丸棒）を加熱し、支持台に取り付け下端から噴水冷却した後、端面からの硬さ分布を評価する方法です（図1-12、図1-13）。

❸質量効果
　質量効果とは、部品の体積によって焼入れ性に影響が出る現象のことで、体積が大きいものほど焼きが入りにくくなります。例えば、太く大きな部品は、小さな部品に比べて中まで焼きが入りにくいため「質量効果が大きい」と表現します。合金鋼は、炭素鋼に比べて質量効果は小さくなります。
　図1-14は、径の違いがある丸棒に対して同じ焼入れをした時に、中心部までどのように焼きが入っているかを示したものです。

図 1-11　添加元素の焼入れ性効果

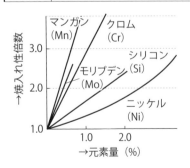

横軸に添加元素の含有量、縦軸に焼入れ効果の倍数をとったもの。マンガンは0.6%含有することで約3倍の焼入れ深さが得られ、シリコンは1.4%の添加で約2倍の焼入れ深さが得られる。

第1章 これだけは押えておきたい 熱処理の基礎知識

図 1-12 | ジョミニー式焼入れ試験（JIS G 0561）

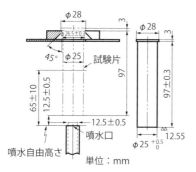

図 1-13 | ジョミニー式焼入れ試験の硬さ分布

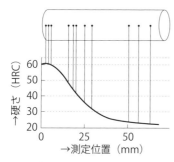

焼入れ、噴水冷却した後に硬さを測定して、下端面からの距離と焼入れ硬さの関係を示したグラフ。冷却のレベルが激しい端面から順に硬さが減じていく。離れたところまで硬いほど、その材料は焼入れ性が良いと判断する。

図 1-14 | 質量効果による硬さの違い

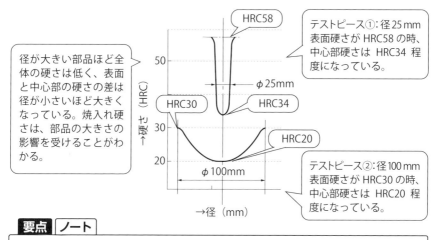

径が大きい部品ほど全体の硬さは低く、表面と中心部の硬さの差は径が小さいほど大きくなっている。焼入れ硬さは、部品の大きさの影響を受けることがわかる。

テストピース①：径25mm 表面硬さが HRC58 の時、中心部硬さは HRC34 程度になっている。

テストピース②：径100mm 表面硬さが HRC30 の時、中心部硬さは HRC20 程度になっている。

> **要点ノート**
> 焼入れは、元素の添加で焼入れ性が良くなり、部品の大きさによって中の焼きの入り方が変わります。

1 熱処理の基礎知識

熱応力と変態応力

❶熱応力

　金属は、加熱や冷却によって温度が変わり、寸法も変わります。加熱中は、ものの温度は表面から内部に行くにしたがって少しずつ変化していくため、早く熱くなったところは早く体積が膨張し、熱くなっていないところは体積がまだ変化していないという熱膨張の差による不均一状態が生じ、内部に応力が発生します。当然、薄肉部と肉厚部でも温度差が出ます。

　一方、冷却時のメカニズムとしては、最初に表面が急冷されることで収縮による引張応力が発生します。この時点では内部は表面ほど温度が下がっていないため、表面の収縮によって圧縮される応力が内部に発生します。時間とともに内部も遅れて温度低下し収縮していくため、表面の収縮による内部の応力は小さくなり、やがて表面と内部は釣り合って内部応力がゼロになります。その後、遅れて落ち着いてきた内部の収縮によって、先に落ち着いた表面を抑える形で、表面は圧縮の、内部は引張の応力状態になります。こうした熱伝搬の時間差によって発生する応力を「熱応力」といいます。(図1-15)。

❷変態応力

　通常、金属材料は加熱とともに膨張し、冷却とともに縮みます。材料によって熱膨張係数が異なり、グラフで示すと比例関係の直線で表されます。ところが、変態点において結晶構造が変わると、膨張にも変化が起こります。そこで生じる応力が「変態応力」と呼ばれるものです。

　図1-16に焼入れ時に生じる部品の長さの変化を示します。

　まず、オーステナイト組織に変わる温度まで加熱します。常温から加熱していくとオーステナイト組織に変態する温度で長さの膨張が止まり、変態にエネルギーが使われます。すべてオーステナイト組織に変態したことを確認してから冷却します。

　このグラフは、すべてマルテンサイト化することを目的とした実験のものですが、急速冷却するとマルテンサイトが出るMs点まで直線的に長さが変化していきます。Ms点にかかると変態のために膨張し始めるため、いったん長さの変化が止まります。こうした結晶構造の変化に伴い膨張変化が起こること

で、内部応力である変態応力が発生します。

図 1-15 熱伝播によって発生する応力

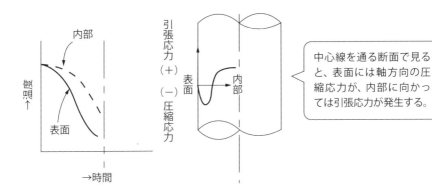

中心線を通る断面で見ると、表面には軸方向の圧縮応力が、内部に向かっては引張応力が発生する。

図 1-16 焼入れ時に生じる長さの変化

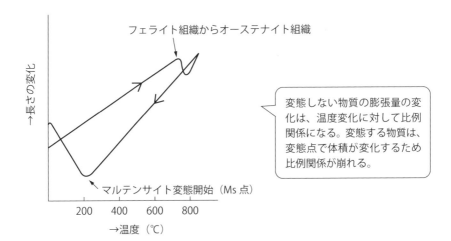

変態しない物質の膨張量の変化は、温度変化に対して比例関係になる。変態する物質は、変態点で体積が変化するため比例関係が崩れる。

要点 ノート

鉄鋼材料の熱処理では熱応力と変態応力が発生し、変形やひずみの原因になります。

1 熱処理の基礎知識

金属組織の種類

この項では、熱処理にかかわる主要な金属組織を確認しておきましょう。

- フェライト：アルファ（α）鉄。ほとんど炭素を含まない組織。
- オーステナイト：ガンマー（γ）鉄。A_1変態点以上の温度〔共析鋼（炭素を0.8％含む炭素鋼）では約730℃〕で存在する組織。鉄に最大2.1％の炭素を固溶する。
- パーライト：フェライト組織とセメンタイト（Fe_3C）組織との混合組織。共析鋼は徐冷で100％この組織になる。
- マルテンサイト：オーステナイト組織から急冷することで生じる炭素を過飽和に固溶した硬い組織。
- ベイナイト：オーステナイト組織から冷却途中で等温状態に保持して生じる組織。
- トルースタイト：焼入れ鋼を400℃程度で焼戻して生じる組織。
- ソルバイト：焼入れ鋼を500～600℃程度で焼戻して生じる組織。
- セメンタイト：鉄の炭化物（Fe_3C）。

鉄鋼材料は、含まれる炭素の量によって、いろいろな組織に変化します。そこで熱処理と組織を理解するために役立つ、3種類の状態図の概要を示します（次項以降で詳しく解説します）。

❶鉄－炭素平衡状態図

熱処理において「焼入れの加熱温度をどれくらいにするか」、「焼ならしは何度まで加熱するか」、「焼なましは何度まで加熱するか」といった、各炭素量の鋼に応じた適切な加熱温度を示すのが鉄－炭素平衡状態図です。変態が完全に終わり結晶構造が平衡状態になるまでゆっくり冷却するので、その後の時間変化で組織は変わりません。

❷等温変態状態図（TTT線図）

オーステナイト組織まで加熱した鋼を冷却する際に、ある温度で保持すると全体が均一な温度になり、強さと粘さを持った組織が得られます。その条件を

知ることができるのが等温変態状態図（TTT線図）です。

❸連続冷却状態図（CCT線図）

　オーステナイト組織からどのくらいの冷却速度で冷やせば、どのくらいのマルテンサイト組織が得られるかを知ることができるのが連続冷却状態図（CCT線図）です。

　焼入れ時の組織変化（冷却の処理パターン図）を図1-17に、焼戻し時の組織変化を図1-18に示します。

図1-17 焼入れ時の組織変化

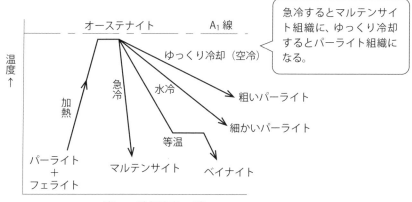

図1-18 焼戻し時の組織変化

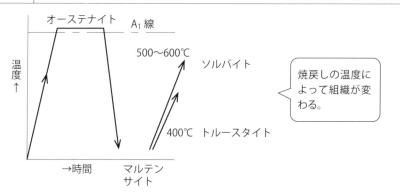

> **要点 ノート**
> 鉄鋼材料の熱処理では熱応力と変態応力が発生し、変形やひずみの原因になります。

1 熱処理の基礎知識

鉄－炭素平衡状態図

　熱処理を理解するうえで重要な図に「鉄－炭素平衡状態図」があります。横軸に鉄鋼中の炭素量（％）を、縦軸に温度（℃）をとったグラフで、鉄鋼中の炭素量と温度の関係を示しています。各温度までゆっくり冷やすことで、時間が経過しても変化しない平衡状態の組織になっていることを表しています。

　炭素鋼は、炭素量によって0.8％までを亜共析鋼、0.8％を共析鋼、0.8％以上を過共析鋼といいます。おのおのの冷却後の組織は、共析鋼はフェライト組織とセメンタイト組織が層状に現出するパーライト組織になり、亜共析鋼はフェライト組織の占める部分が多く残部がパーライト組織（フェライトとセメンタイトとの混合組織）になります。過共析鋼は、フェライト組織とセメンタイト組織との混合組織になります。

　その関係を表したのが図1-19です。この中で、加熱とともにオーステナイト組織が出始めるA$_1$線を示しているのがPSK線になります。亜共析範囲のA$_3$線（GS線）は、冷却時にオーステナイト組織からフェライト組織が出始める温度を示しています。過共析範囲のA$_{cm}$線（SE線）は、冷却時にオーステナイト組織からセメンタイト組織が出始める温度です。G、S、E、J、Nで囲まれた範囲は、オーステナイトの単一組織になっています。

　次に、熱処理で炭素鋼をオーステナイト組織からゆっくり冷却した時の組織の例を示します（図1-20）。

　材料①は0.5％Cの炭素鋼で、オーステナイト組織になるまで加熱後、ゆっくり冷やすとA$_3$線にかかったところでフェライト組織が出始めます。さらに、フェライト組織とオーステナイト組織の混合組織状態から、A$_1$線ではオーステナイト組織はなくなり、フェライト組織とパーライト組織の混合組織になります。パーライト組織というのはフェライト組織とセメンタイト組織の層状組織のことで、フェライトとセメンタイトの混合組織ともいえます。

　材料②は0.8％Cの共析鋼で、オーステナイト組織からの変態後、すべてパーライト組織になります。材料③は1.5％Cの過共析鋼で、オーステナイト組織からA$_{cm}$線を超えるまで冷やすとセメンタイト組織が析出し始めて、オーステナイト組織との混合組織になります。次に、A$_1$線を超えるとオーステナイト

組織はなくなり、セメンタイト組織とフェライト組織の混合組織になります。

鉄－炭素平衡状態図は、例えば炉冷などによってゆっくり冷却することで結晶構造にムリなひずみや他元素の過飽和状態などを発生させない平衡状態を表しているため、急冷で生じるマルテンサイト組織は表示されません。

図 1-19 | 鉄－炭素平衡状態図

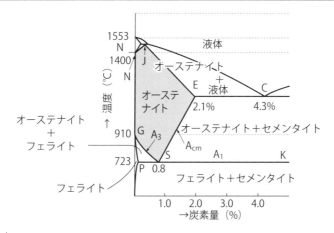

図 1-20 | 鉄－炭素平衡状態図（図 1-19 の一部を拡大）

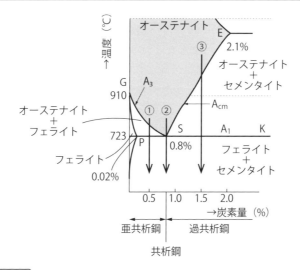

要点 ノート

鉄－炭素平衡状態図からは炭素量により鉄鋼材料の組織が変わる基本を理解することができます。

1 熱処理の基礎知識

等温変態状態図（TTT線図）

　オーステナイト組織を冷却途中のある温度で保持しておくと、連続冷却とは異なる組織に変わります。その条件と組織変化を表しているのが「等温変態状態図（TTT線図）」です。TTTは時間（Time）、温度（Temperature）、変遷（Transformation）の頭文字で、図1-21のように縦軸を温度、横軸を時間とする対数目盛で表します。

　図1-21は炭素量が0.8％の共析鋼の場合で、オーステナイト状態から冷却して650℃で保持するとパーライト変態が始まり、100秒ほどでパーライト変態は終了します。500℃で保持すると1秒ほどでベイナイト変態が始まり、10秒ほどでベイナイト変態は終了します。ベイナイト組織は、200℃～500℃位の範囲で異なる組織になります。高温側では羽毛状、低温側では針状の組織になります。

　等温にする目的は、表面部と内部の温度差を少なくし、変態が起こる時間差を少なくするためです。オーステナイト組織から均熱化して冷却することで、内部のひずみを抑え、後々の変形などの不具合の発生を抑えることができます。生成されるベイナイト組織は、硬くて粘さのある組織になります。

　代表的な等温熱処理としては、「オーステンパー」と「マルクエンチ」があります。

　両者の違いは、オーステンパーの保持温度がマルテンサイト変態が起こる温度より高い温度であるのに対して、マルクエンチではマルテンサイト変態の起こる温度域である点です。マルクエンチとは、表面部と内部とでより均一にマルテンサイト変態を完了させて、その後、焼戻しをするという方法です。いずれも内部品質をできるだけ均質にして変形などの不具合が起こりにくいように工夫した熱処理です。

　ここでオーステンパーと通常の焼入れ焼戻しでは、次のような違いがあります（図1-22）。オーステンパーの場合、約800℃ほどのオーステナイト域から冷却して、約300℃ほどのマルテンサイト変態が起こる前の温度で保持します。その時、表面はいち早くその温度に到達しますが、内部は遅れてその温度に追いつきます。ある一定の時間保持した後、表面と内部の温度が均一になっ

第1章 これだけは押えておきたい 熱処理の基礎知識

たところで冷却して終了します。表面と内部は同時に変態が終了するため、ひずみなどが少ない均質な組織になります。

これに対して通常の焼入れ焼戻しは、より硬い組織を得るためにマルテンサイト変態終了まで一気に冷やします。そのままでは硬くても、脆過ぎる組織であるため、粘さを得るために所定の温度で焼戻しをします。

図 1-21 | 等温変態状態図（TTT 線図）

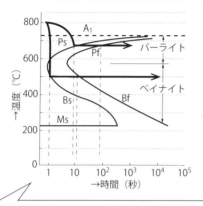

550℃直下で保持すると羽毛状のベイナイト組織に、300℃ほどでは針状のベイナイト組織と、少し姿が異なる組織になる。

Ps：パーライト変態開始
Pf：パーライト変態終了
Bs：ベイナイト変態開始
Bf：ベイナイト変態終了

S字状の曲線が等温変態を示している。550℃ほどでもっとも速く変態が始まる。これより高い温度範囲ではパーライト変態が、低い温度範囲ではベイナイト変態が起こる。また、220℃ほどでマルテンサイト変態が始まる。

図 1-22 | オーステンパーと焼入れ焼戻しの処理パターン図

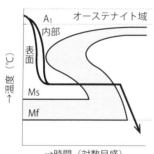

Ms：マルテンサイト変態開始、Mf：マルテンサイト変態終了
　　(a) オーステンパー　　　　　　　(b) 通常の焼入れ焼戻し

要点 ノート

TTT線図は、等温で保持することで粘さを得ることができるなど、熱処理効果を改善する方法を示しています。

1 熱処理の基礎知識

連続冷却状態図（CCT線図）

　オーステナイト組織から連続的に冷却する場合に、冷却速度によって組織がどのように変わるかを示したものが「連続冷却状態図（CCT線図：Continuous Cooling Transformation Diagram）」です。縦軸を温度（℃）、横軸を時間とする対数目盛で表します。鋼種ごとに異なり、共析鋼では**図1-23**のようになります。

　共析鋼の場合、オーステナイト組織を冷却して出てくる組織は、急冷ではマルテンサイト組織になり、非常にゆっくりした徐冷ではパーライト組織になります。

　熱処理の連続冷却において冷却速度を変えれば組織も変わるということは、焼入れ、焼ならし、焼なましといった、冷却速度が違うそれぞれの熱処理の方法によって組織も異なってくるということです。それをCCT線図で見ることができます。

　図1-23の冷却線①は水焼入れなど、もっとも速く冷却させたもので、組織はすべてマルテンサイト組織になります。次に、冷却速度を少し遅くした②はPs線と交わる場合です。Ps線とはパーライト組織が出てくる線で、これより速い場合はマルテンサイト組織だけになるため「臨界冷却速度」といいます。③はパーライト変態が完了する冷却速度を示すPf線と交わるもので、これ以上遅い速度で冷却すると④のようにマルテンサイト組織は出てこなくなりパーライトだけの組織になります。熱処理としては焼なましの状態です。②と③の間の冷却速度の場合は、マルテンサイト組織とパーライト組織の混合組織となります。空冷の熱処理の場合は、このあたりの冷却速度になります。

3つの状態図のおさらい

鉄－炭素平衡状態図

　徐冷により結晶構造が落ち着いた状態で、どのような組織になるかがわかります。熱処理上では焼なましの組織を知ることができます。

CCT線図

　オーステナイト域から連続で冷却した場合にどのような組織になるかわかります。熱処理上では焼入れの冷却速度でマルテンサイト組織の出方が変わり、

より硬くするための条件を知ることができます。炉冷のように徐冷させた場合や空冷の焼ならしの場合のパーライト組織の出方を知ることができます。

TTT線図

等温処理は、オーステナイト域からの冷却の際、ある温度で一定時間保持することで、大物部品や厚肉部と薄肉部があり形状が不均一である部品などに対して全体の温度を均一化でき品質の安定化が図れます。熱処理上では均一な安定組織を得ることができるうえに、等温保持後の冷却を速めることができるなど熱処理条件の実務上の効率化を図ることができます。

図1-23 | 連続冷却状態図（CCT線図）

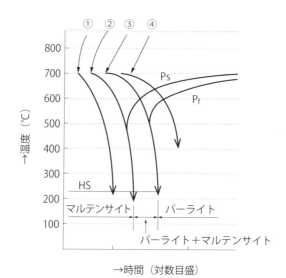

Ps線はパーライト組織が出てくる境界線で、Pf線はパーライト変態が完了する線になる。硬い組織であるマルテンサイト組織を得るためには急激に冷やす必要がある。

要点 ノート

CCT線図は鉄鋼材料の組織状態が温度と時間の関係でどうなっているかを示すもので、最適な熱処理条件を知ることができます。

2 材料の基礎知識

熱処理と鉄鋼材料

　鉄鋼材料は「炭素鋼」と「合金鋼」の2種類に大別できます。
　炭素鋼は鉄と炭素の合金ですが、炭素鋼の中の圧延材は成分規定がなく、圧延によって得られる強さによって分類されるため、一般的な熱処理で性能を得る材料には位置づけされていません。合金鋼は、炭素鋼に各種特性を持つ元素を1つ以上添加した鉄鋼材料で、「特殊鋼」とも呼ばれます。
　鉄鋼材料は、それぞれの用途にあわせた特有性能が期待されます。そのため、ベストな能力を発揮するための合金設計と、おのおのに見合った熱処理方法が考えられて、多種多様な鋼種が存在します。表1-3に主な鉄鋼材料の種類を、図1-24に鉄鋼材料の使い分けの概念を示します。
　おのおのにつけられた名称から鉄鋼材料をイメージすると、おぼろげながら全体的な分類がつかめると思います。鉄と炭素との合金である炭素鋼が基幹材料であり、合金鋼は炭素鋼に他の元素を加えることで特有の性能を引き出すよう合金設計をして作られる鉄鋼材料になります。
　炭素鋼は炭素が支配的元素であり、炭素が多いほど硬く、強くなります。炭素の量で細区分されていて、炭素量が0.6％位までの「機械構造用炭素鋼」と、さらにその上の領域である炭素を1.5％位まで含む「炭素工具鋼」に分類できます。
　「合金工具鋼」は、炭素鋼にクロム（Cr）やタングステン（W）などの元素を加えた構成となります。炭素工具鋼との一番の違いは熱処理の焼入れ性が良くなることで、大物部品への適用でより有効性を発揮します。また、CrやWなどの添加によって高温度域における硬さが増すため、そうした性能が求められる加工用工具などにも適用されます。さらに難切削性が必要な用途に対しては、焼入れ温度を高めて高温特性を一段と向上させた「高速度鋼」があります。
　その他の特殊性能の要求に応じて、合金鋼は、熱間でも硬く粘さのある「金型鋼」や軸受に代表される繰り返し接触負荷条件下で耐摩耗性などが求められる「軸受鋼」、繰り返し衝撃的荷重を受ける「ばね鋼」、強さや粘さに加えて耐食性が求められる「ステンレス鋼」などに分類されています。
　一方で、性能や機能面と同時に経済性、いわゆるコストを最適化したいとい

う要求もあります。高度な性能を発揮するものの高価になってしまう材料もあれば、逆に、調質（焼入れ焼戻しにおける焼戻し温度400℃以上の処理）という熱処理をしないで調質材相当の性能を出せる「非調質鋼」など、合金設計によってコスト減を実現した例もあります。

その他、環境を考えて有害負荷物質は使用しないという時代のニーズから、現在では消え去った「鉛快削鋼」などもあります。

表 1-3　鉄鋼材料の種類

SS材	一般構造用圧延材	炭素を多く含まず、基本的に熱処理はしない
SM材	溶接構造用圧延材	
SPC	冷延圧延鋼板	
S_C材	機械構造用炭素鋼	機械部品などに広く使われている
SK材	炭素工具鋼	各工具用途にあわせて鋼種分類がなされている
SKS材	合金工具鋼	
SKH材	高速度鋼	
SKD材	金型鋼	冷間金型鋼と熱間金型鋼の2種類がある
SUJ材	軸受鋼	1％C、1.5％Crの耐摩耗性に優れた材料
SUP材	ばね鋼	HRC40以上のばね硬さを特徴とする材料
SUS材	ステンレス鋼	炭素含有量が少ない高耐食性などを特徴とする材料

図 1-24　鉄鋼材料の使い分け

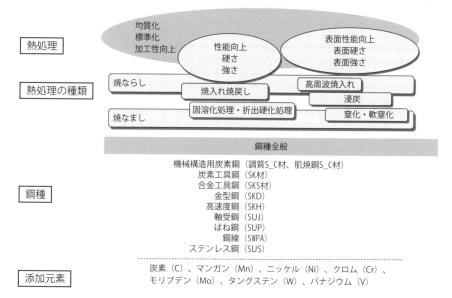

要点 ノート

鉄鋼材料の基本である炭素鋼と、そこに元素を添加した合金鋼に対して熱処理を加えたものが産業構造材のベースになります。

2 材料の基礎知識

鉄鋼材料と炭素

　鉄鋼材料の焼入れ硬さは、他の添加元素にかかわらず炭素の含有量とのみ一定の相関関係を持ち、炭素が多いほど硬くなります。図1-25に炭素量と焼入れ硬さの関係を示します。0.6％位までは炭素量の増加とともに焼入れ硬さが高くなっています。

　つまり鋼を熱処理する際の基本的な元素は炭素であるということです。そのため、炭素鋼には鉄鋼5元素が含まれますが、鉄鋼材料としての性質に大きな影響を与える炭素が中心の合金ということから「炭素鋼」と呼ばれています。

　炭素以外の5元素の働きとしては、シリコン（Si）とマンガン（Mn）は製鋼段階において脱酸材として添加されたものの残りになります。それぞれの残留分としては、Siは0.15〜0.35％、Mnは0.3〜0.9％程度で、Siは鉄の中に固溶することで結晶粒を小さくして、素地の強化に寄与します。また、Mnは焼入れ性を高めるため、深いところまで焼きが入ります。

　残りのリン（P）、硫黄（S）については基本的には不純物的な位置づけで、粘さを下げるなど鉄鋼材料の性能にはあまり良い働きは及ぼしません。

　機械構造用鋼は、「機械構造用炭素鋼」と、それにプラスアルファの性能を付加するための元素を加えた「機械構造用合金鋼」に分類されます。また、機械構造用炭素鋼は、炭素の量の違いで「低炭素鋼」、「中炭素鋼」、「高炭素鋼」に分類されます（図1-26）。

- 低炭素鋼：基本的に熱処理をせずに使用する鋼種です。炭素量が少ないため硬くならないので、熱処理を施す意味がありません。
- 中炭素鋼：焼ならし、焼入れ焼戻しといった熱処理を行うことで強さや硬さを得た鉄鋼材料です。中炭素鋼の中で炭素量0.3％位までの炭素を含有する鉄鋼材料は、表面層を浸炭する肌焼鋼として利用されます。0.3％位以上の炭素を含む鉄鋼材料は焼入れ鋼として、全体に熱処理を施して利用します。
- 高炭素鋼：炭素を多く含んでいるので、高い硬さや強さを得られる鋼種です。さらに、用途にあわせてクロム（Cr）、モリブデン（Mo）、タングステン（W）などを含有させて、工具鋼、金型用鋼、ばね鋼などに用いられます。

図 1-25 焼入れ硬さと炭素量の関係

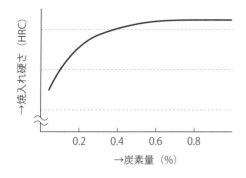

横軸に炭素量（%）を縦軸に焼入れ硬さ（ロックウェル硬さHRC）をとったもので、炭素量が 0.6%位までは炭素量が多いほど焼入れ硬さが高くなることを示している。

図 1-26 機械構造用鋼の炭素量による位置づけ

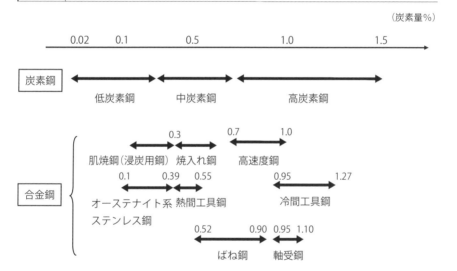

> **要点 ノート**
> 炭素は鉄鋼材料の基幹元素であり、機械構造用鋼の支配的元素です。これに元素を添加して、合金鋼として広く機械部品などに利用されています。

2 材料の基礎知識

機械構造用鋼

　機械構造用鋼は、「機械構造用炭素鋼」と「機械構造用合金鋼」に分類されます。

　機械構造用炭素鋼は、炭素の含有量によって細分化されています（図1-27）。

　機械構造用合金鋼の1つに、炭素量が0.3％程度までの鉄鋼材料に、浸炭の効果を上げるニッケル（Ni）、クロム（Cr）、モリブデン（Mo）などを添加した「肌焼鋼」があります。

　肌焼鋼は、表層の肌の部分を浸炭して強化した鋼で、低炭素量の鉄鋼材料表層に炭素を浸入させて焼入れすると、表層が炭素量0.8％位の共析鋼の硬さや強さが得られます。内部は低炭素鋼のままのレベルなので、粘さを残した外剛内柔構造になります。この性状は、機械部品などが曲げやねじりの負荷を受ける際に有効な品質状態となります。

　0.3％以上の炭素を含んだ中炭素鋼や高炭素鋼は、焼入れをすることで全体の硬さや強さが向上した「焼入れ鋼」となります。

　また、炭素鋼に各種元素を加えたものが「合金鋼」として使われます。

　図1-28に主な機械構造用鋼の鋼種を示します。細分化の基準は炭素含有量になります。

　機械構造用鋼は、①低炭素鋼であれば焼ならし、②低中炭素鋼は肌焼鋼とし

図 1-27 ｜ 機械構造用鋼の種類

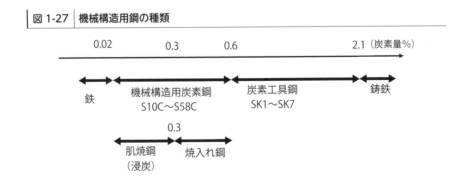

て浸炭、③中高炭素鋼は焼入れ焼戻しなどの熱処理で強さと粘さを持った構造用鋼として使用されます。

図 1-28 用途から分類した主な機械構造用鋼

> 機械構造用炭素鋼は炭素量で区分され、当然、炭素量が多いほど硬く、強い。他の元素は不純物的な位置づけとなる。

> クロム、ニッケル、モリブデンは性能を付加する代表的な元素。

分類	記号	主要成分（%）					
		炭素(C)	シリコン(Si)	マンガン(Mn)	クロム(Cr)	ニッケル(Ni)	モリブデン(Mo)
炭素鋼	S15C	0.13〜0.18	0.15〜0.35	0.30〜0.60	<0.20	<0.20	—
	S25C	0.22〜0.28	0.15〜0.35	0.30〜0.60	<0.20	<0.20	—
	S45C	0.42〜0.48	0.15〜0.35	0.60〜0.90	<0.20	<0.20	—
	S53C	0.50〜0.56	0.15〜0.35	0.60〜0.90	<0.20	<0.20	—
肌焼鋼	SCr420	0.18〜0.23	0.15〜0.35	0.60〜0.85	0.90〜1.20	<0.25	—
	SCM415	0.13〜0.18	0.15〜0.35	0.60〜0.85	0.90〜1.20	<0.25	0.15〜0.30
	SCM420	0.18〜0.23	0.15〜0.35	0.60〜0.85	0.90〜1.20	<0.25	0.15〜0.30
	SNCM420	0.17〜0.23	0.15〜0.35	0.40〜0.70	0.40〜0.65	1.60〜2.00	0.15〜0.30
焼入れ鋼	SCr440	0.38〜0.43	0.15〜0.35	0.60〜0.85	0.90〜1.20	<0.25	—
	SCM435	0.33〜0.38	0.15〜0.35	0.60〜0.85	0.90〜1.20	<0.25	0.15〜0.30
	SCM440	0.38〜0.43	0.15〜0.35	0.60〜0.85	0.90〜1.20	<0.25	0.15〜0.30
	SNCM439	0.36〜0.43	0.15〜0.35	0.60〜0.90	0.60〜1.00	1.60〜2.00	0.15〜0.30
	SNCM639	0.25〜0.35	0.15〜0.35	0.35〜0.60	2.50〜3.50	2.50〜3.50	0.50〜0.70

- 強さは炭素量に比例
- 炭素量が0.25%位まで
- 元素を加えて性能をアップ

> 0.3%以上の炭素を含んだ炭素鋼は、焼入れし、かつ元素を添加することで諸特性を示す高性能材料になる。

要点｜ノート

機械構造用鋼の熱処理は、低炭素鋼には焼ならし、低中炭素鋼には浸炭、中高炭素鋼には焼入れ焼戻しという対応です。

【2 材料の基礎知識

添加元素の働き

　炭素鋼をベースに、いろいろな元素を添加することで特殊な性能を発揮します。おのおのの添加元素は、それぞれ発揮する性能に特徴があります。その主な内容を次に示します。

- クロム（Cr）：焼きを入りやすくさせる／浸炭性を上げる／炭素と化合物を作り耐摩耗性向上に寄与する／耐酸化性を増し、ステンレス鋼の主要添加元素となる
- モリブデン（Mo）：焼きの入る深さを深くする／焼戻し脆さを防ぐ／高温強度を増す
- ニッケル（Ni）：粘さを増す／耐食性が増すため、ステンレス鋼に添加される
- マンガン（Mn）：焼入れ性を増す
- タングステン（W）：炭素と化合物を作り高温での硬さを増す
- バナジウム（V）：結晶粒を微細化する

　添加する元素によって、鋼種の性能が変わってきます。
　例えば、強さと粘さが求められる場合、CrやNi、Moなどを添加します。また、合金工具鋼には硬さと粘さが求められるため、硬い炭化物ができるCr、Wなどが添加されます。
　一方、マルテンサイトが硬くなる現象に関しては、これらの添加元素はほとんど影響しません。添加元素は、炭素と結びついて硬い炭化物を生成することで耐摩耗性が向上したり、焼戻しの際の2次硬化現象として寄与します。
　また、添加元素は、熱処理の際に焼入れ性を高めるものがあります。焼入れ性が良いとは、「内部のどこまで焼きが入るか」ということです。焼入れの際に急冷するほど硬くなるのは、マルテンサイト組織に閉じ込められる炭素が多くなるからですが、添加元素は、この炭素が出ていくことを阻止する働きをします。そのため内部まで硬くなり、焼入れ性が良くなるというメカニズムです。
　焼入れ性に寄与する、すなわちオーステナイト領域を広げる作用を示し、か

つTTT線図の変態開始線を長時間側へ移動させる働きをする添加元素（29ページ参照）としてNi、Mnなどがあります。また、炭素と結びつくことで硬さや強さの向上へ寄与する添加元素としては、W、Cr、Vなどがあげられます。

主な合金鋼と、その概要などを**表1-4**に示します。

表1-4 代表的な合金鋼と、その概要、熱処理上のポイント

鋼種	種類	代表鋼種	C	Si	Mn	Cr	Ni	Mo	W	V	概要	熱処理上のポイント
工具鋼	炭素工具鋼	SK104	1.40	0.30							基本元素は炭素のみ、過共析鋼	過共析鋼のため焼入れ加熱温度は約800℃
工具鋼	合金工具鋼	SKS3	0.95		1.05	0.75					耐摩耗性	サブゼロ処理による残留オーステナイト処理が必要
金型鋼	冷間金型用	SKD11	1.50			12.00		1.00		0.35	プレス金型用など	クロムを十分に溶け込ませるため、焼入れ温度は約1000℃と高め、硬さを重視して焼戻しは低温焼戻し（約120℃）
金型鋼	熱間金型用	SKD61	0.38	1.00	0.37	5.15		1.25		0.98	ダイカスト金型用など	高温強さ確保で焼戻し温度は約600℃
高速度鋼	タングステン系高速度鋼	SKH10	1.53			4.70			12.50	4.70	表中以外にコバルト(Co)を4.7%含んだ鋼種は硬さが売りでバイト用	焼入れ温度は約1300℃の超高温。焼割れ予防で段階的予熱。高温2次焼なましによる2次硬化
高速度鋼	モリブデン系高速度鋼	SKH51	0.84					4.95		1.90	粘さがありドリル用	
軸受鋼	軸受鋼	SUJ2	1.03	0.25		1.45					高炭素高クロム合金、クロム炭化物による高耐摩耗性	球状焼なましが必要
ばね鋼	シリコンマンガン系ばね鋼	SUP7	0.60	2.00	0.85						シリコンマンガン系の代表鋼種	HRC40程度のばね硬さ、焼戻し温度は約500℃
ばね鋼	マンガンクロム系ばね鋼	SUP9	0.56	0.25	0.80	0.80					マンガンクロム系の代表鋼種	
ステンレス鋼	オーステナイト系	SUS304				19.00	9.25				炭素最大0.08%と炭素をほとんど含まない	熱処理は施さない。加工硬化あり
ステンレス鋼	マルテンサイト系	SUS440	0.68			17.00					炭素工具鋼レベルの炭素量。ステンレス鋼だがニッケルなし	耐食性のある刃具など
ステンレス鋼	析出硬化型	SUS630				16.25	4.00				表中以外に銅(Cu)4%、ニオブ(Nb)0.3%を含有	固溶化処理・析出硬化処理で硬さを得る

※主要成分の数値は、成分幅の中央値を表記

> **要点 ノート**
> 合金鋼の熱処理では、元素を添加することでそれぞれ特殊な性能を発揮し、特定のニーズ対応できます。

2 材料の基礎知識

工具鋼

　工具鋼とは、その名の通り工具用として使われる鋼種です。金づちやスパナからイメージできるように、硬くて衝撃にも強い性能が求められます。炭素が基本元素であることは同じですが、最低でも0.5％位の炭素を含んでいて、さらに個々の性能を引き出すための特有の元素を加えた合金鋼が作られています。主な工具鋼を次に示します。

- S_C材：機械構造用炭素鋼のうちの高炭素のものが工具鋼として用いられます。
- SK材：炭素工具鋼のSK140からSK60までに分類されるもので、炭素量によって段階的に区分されています。S_C材との違いは、強さよりも硬さを重視している点です。
- SKS材：合金工具鋼として、耐摩耗性向上のためクロム（Cr）、タングステン（W）を添加したものです。

　S_C材とSK材は、炭素量が0.6％未満かそれ以上かで分けられます。炭素は素地に0.6％程度は溶け込みます。そのため、溶け込まない炭素が多いSK材の方が炭化物として析出しており、耐摩耗性が大きくなります。
　SKS材はCrとWが添加されており、クロム炭化物が工具としての硬さと焼入れ性を高める効果を出します。Wは硬さを高めます（図1-29）。
　0.5％程度以上の炭素量を含む工具鋼の熱処理は、硬さと耐摩耗性を得るために、硬い炭化物が得られるように工夫されています。S50CとSK85はともに工具鋼の仲間ですが、炭素の量が異なります。素地に溶け込まなかった炭素は、炭化物としてコンクリートの砂利のような形で存在し、これが耐摩耗性に寄与します。SKS材のCrやWの添加も炭化物として耐摩耗性に寄与しますが、あわせて耐熱性もアップさせて切削時の耐熱性を上げます。
　工具鋼の重要な熱処理として「球状化焼なまし」（60ページ参照）があります。炭素量が多いため、炭素との化合物であるセメンタイトが結晶粒界に網目状に多く析出して加工性を悪くするため、前処理として球状化焼なましを行い

ます。

　焼入れ焼戻しの注意点は、加熱温度にあります。工具鋼は、鉄－炭素平衡状態図で示される高炭素領域になるため、A_1線より少し上の温度まで加熱します。炭素工具鋼の場合は、オーステナイト組織に溶け込ますのは炭素だけなので、瞬時に変態するため加熱温度で保持する必要性はあまりありません。ただし、CrやWを含む合金工具鋼の場合は、オーステナイト組織にこれらが十分溶け込むまでに加熱温度で保持する必要があります。

図 1-29 | 代表的な工具鋼の成分

	C	Si	Mn	Cr	W	
S50C	0.47〜0.53	0.15〜0.35	0.60〜0.90	―	―	高炭素鋼
SK85	0.80〜0.90	0.15〜0.35	0.10〜0.50	―	―	炭素工具鋼
SKS3	0.90〜1.00	≦0.35	0.90〜1.20	0.50〜1.00	0.50〜1.00	切削工具鋼
SKS4	0.45〜0.55	≦0.35	≦0.50	0.50〜1.00	0.50〜1.00	切削工具鋼

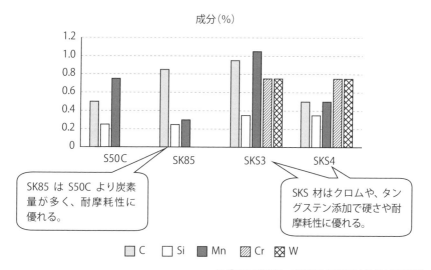

SK85 は S50C より炭素量が多く、耐摩耗性に優れる。

SKS 材はクロムや、タングステン添加で硬さや耐摩耗性に優れる。

※グラフの数値は、成分値の中央値または最大値で表記

要点 ノート

工具鋼は、硬さや強さ、耐摩耗性などを向上させるために炭素、Cr、W などを添加しています。

2 材料の基礎知識

金型鋼

　金型鋼には、「冷間金型鋼」と「熱間金型鋼」の2種類があります。

　冷間金型としては、常温で使用される鍛造金型やプレス金型などがあります。この金型には高い強さと硬さが求められます。熱間金型としては、鋳造金型やダイカスト金型などがあります。溶けた高温の金属が流れ込むため、熱間時の強さが要求されます。

　それぞれの代表的な鋼種としては、冷間金型用のSKD11材と、熱間金型用のSKD61材があげられます（図1-30）。SKD11材は、高炭素、高クロム（Cr）添加により生成するクロム炭化物で、高い耐摩耗性を確保しています。SKD61材は、中炭素鋼にモリブデン（Mo）、バナジウム（V）を添加することで高温域での粘さや基地強化を図っているのが特徴です。

　熱処理上のポイントとしては、冷間金型鋼（SKD11など）の場合、冷間時の硬さや強さが求められるため焼入れ後の焼戻し温度は180℃程度の低温焼戻しが基本となります。一方、熱間金型鋼（SKD61など）は熱間における強さや硬さが求められるため、焼戻し温度は600℃位と高くなります。

　金型鋼のように、Crを多く含む合金では、焼戻しを繰り返すことで2次硬化現象が現れて、焼戻しをする前より硬くなります。工具鋼のSKS3材などと比べて高温性能が大きく異なります。2次硬化現象は、焼戻しの際の冷却によってマルテンサイト組織から硬い炭化物が析出することと、残留オーステナイト組織が焼戻しにより分解されることで起きる現象です（図1-31）。

ミニコラム　　● 不具合原因の調査 ●

　例えば、焼割れが発生した原因は何かを調査する時、まず、最初に行うことは「そのものをじっと見る」ことです。不具合を起こした現物が発する情報が一番重要です。裏づけのデータをとらなくても、積み重ねてきた経験や勘から原因の当たりがつくことはあるとは思います。でも勘（と度胸）だけでは本当に大丈夫なのか不安は残ります。また、時間がない、手間が大変などから現物を確認することを怠り、先入観だけで判断することは最悪です。

　技術の判断の基本は、そのものが発する情報をしっかり把握することです。余計な先入観を持たないで純粋な目でしっかり見ること。これが原因調査の第一歩です。

図 1-30 代表的な金型鋼の成分

	C	Si	Mn	Cr	Mo	V	
SKD11	1.40～1.60	≦0.40	≦0.60	11.00～13.00	0.80～1.20	0.20～0.50	冷間金型
SKD61	0.35～0.42	0.80～1.20	0.25～0.50	4.80～5.50	1.00～1.50	0.80～1.15	熱間金型

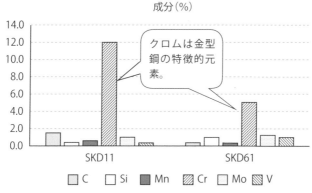

※グラフの数値は、成分値の中央値または最大値で表記

図 1-31 焼戻し温度による硬さ変化

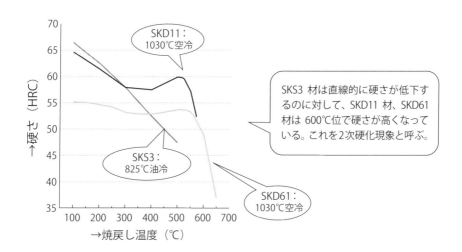

要点 ノート

金型鋼の熱処理の特徴は、Cr添加による高い硬さと高い耐摩耗性の確保と、焼戻しによる2次硬化現象の有効利用です。

2 材料の基礎知識

高速度鋼

　高速度鋼とは、高速で切削加工する工具（刃）に使える鉄鋼材料ということです。高速で切削加工をしていると刃先が高温になり真っ赤になります。普通の鉄鋼材料なら熱で軟化して、切れ味が鈍ります。そこで開発されたのが熱に強い高速度鋼です。

　高速度鋼は、成分的に分類してタングステン（W）系とモリブデン（Mo）系の2種類があり、W系は熱間における硬さを高くすることで切削加工用のバイトなどに適しています。Mo系は粘さがあるため、ドリルの刃などに向いています（図1-32）。

　高速度鋼の熱処理は、焼入れ温度が非常に高いという特徴があります。

　Wなどオーステナイト組織に溶け込みにくい添加元素を十分溶け込ませるために、焼入れ温度が1200℃以上になります。加熱方法も、段階的に加熱することで結晶粒成長にも気を配ります（図1-33）。焼戻しにも大きな特徴があり、複数回の焼戻しを行います。焼入れ温度が非常に高いため、焼入れ後の残留オーステナイト組織をできるだけ少なくするための作業です。焼戻し温度は

図1-32　代表的な高速度鋼の成分

	C	Cr	Mo	W	V	
SKH10	1.45～1.60	3.80～4.50	—	11.50～13.50	4.20～5.20	W系
SKH51	0.80～0.88	3.80～4.50	4.70～5.20	5.90～6.70	1.70～2.10	Mo系

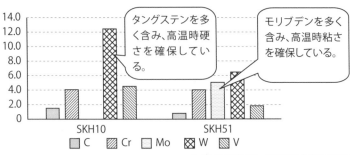

※グラフの数値は、成分値の中央値で表記

約600℃位で、多く残った残留オーステナイト組織に対して焼戻しを繰り返すことでマルテンサイト変態を促すために、最低でも3回は焼戻しを行います（図1-34）。

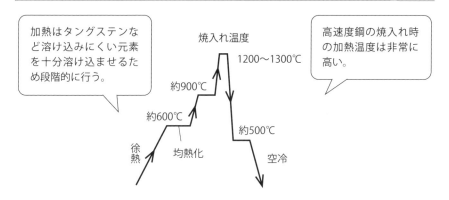

図1-33 高速度鋼の焼入れパターン図

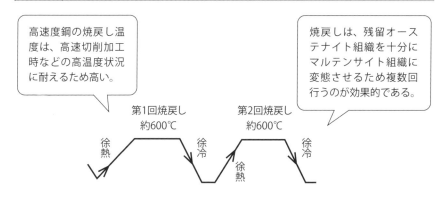

図1-34 高速度鋼の焼戻しパターン図

要点 ノート

高速度鋼の熱処理は、W、Moなどの添加により熱間における強さと粘さを確保することが目的です。

2 材料の基礎知識

軸受鋼

　軸受鋼とは、転がり軸受に使われる場合に優れた性能を発揮する鉄鋼材料ですが、軸受以外でも同じような負荷を受ける部材にも使用できる材料です。転がり軸受は、玉やコロといった転動体を2つの部品間に置くことで荷重を支持するものですが、その際には点接触や線接触で負荷がかかり続けます。そのため硬さと耐摩耗性に優れていることが必要とされます。さらに、摺動性、耐転動疲労性、耐ピッチング性などの高い耐久性能が求められます。

　代表的な軸受鋼であるSUJ2は、高炭素高クロム合金鋼です。特徴は、クロム炭化物が高い耐摩耗性と硬さを有していることです。軸受鋼の転動疲労寿命を左右する一番の要因は酸化物系介在物で、素材中の酸素量を下げて清浄度を上げることで寿命を延ばすことができます。

　大物の軸受には、焼入れ性を高めるためにマンガン（Mn）を増やしたSUJ3やSUJ5、モリブデン（Mo）を添加したSUJ4やSUJ5があります。

　図1-35に代表的な軸受鋼の成分を示します。

　軸受鋼は、炭素を多く含んでいるので残留オーステナイト組織が多く出やすく、軟らかくなる原因になります。そのため、焼入れの際に0℃以下の「サブゼロ処理」（66ページ参照）をする場合があります。ただ、この残留オーステナイト組織の存在は、摺動状態下においては異物を受け止める形で転動疲労寿命の向上に寄与するともいわれており、メリットもあります。

　次に重要なのは炭化物析出で、炭化物が網目状になると切削加工性などを悪くするため、その対応として炭化物を細かな粒状に均一に分散させる「球状化焼なまし」（60ページ参照）があります。

　多くの軸受鋼は、加工工程の前段階で通常、この球状化焼なましを行います（図1-36）。

図 1-35　代表的な軸受鋼の成分

	C	Si	Mn	Cr	Mo
SUJ1	0.95〜1.10	0.15〜0.35	≦0.50	0.90〜1.20	—
SUJ2	0.95〜1.10	0.15〜0.35	≦0.50	1.30〜1.60	—
SUJ3	0.95〜1.10	0.40〜0.70	0.90〜1.15	0.90〜1.20	—
SUJ4	0.95〜1.10	0.15〜0.35	≦0.50	1.30〜1.60	0.10〜0.25
SUJ5	0.95〜1.10	0.40〜0.70	0.90〜1.15	0.90〜1.20	0.10〜0.25

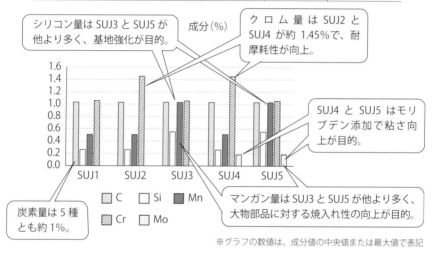

※グラフの数値は、成分値の中央値または最大値で表記

図 1-36　軸受鋼の製造工程例

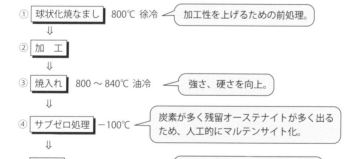

要点ノート

軸受鋼の熱処理の特徴は、高炭素高クロム鋼で、清浄鋼の利用により高い硬さと高い耐摩耗性を確保している点です。

2 材料の基礎知識

ばね鋼

　ばね鋼とは、ばね性を持った鉄鋼材料で、文字通りばね用途に使用されます。

　JIS B 0103（ばね用語）によると、ばねは「たわみを与えたときエネルギーを蓄積し、それを解除したとき、内部に蓄積されたエネルギーを戻すように設計された機械要素」と定義されています。応力－ひずみ線図で示される弾性範囲において、ばね性を発揮します（**図1-37**）。ばね性とは、負荷に対して直線的に変位し、除荷によって元に戻る性質で、弾性限が高いほど優れた材料ということになります。その指標としてばね硬さがあり、ロックウェル硬さではHRC40位になります。

　ばねの成型法は熱間成型と冷間成型に分けられ、また、使用される形態としては板ばねとコイルばねに分けられます。鋼種としては、JIS規格のSUP記号で種別されています（**表1-5**）。

　図1-38に熱間成型の代表的なばね鋼の成分を示します。

図1-37　応力－ひずみ線図の弾性範囲

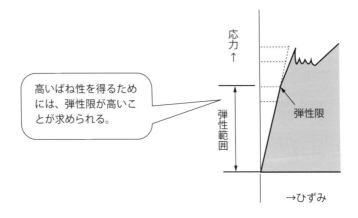

第1章 これだけは押えておきたい 熱処理の基礎知識

表 1-5 ばねの種類

成型タイプ	使用形態	鋼種例	主な熱処理
熱間成型	コイル	SUP3	焼入れ焼戻し
		SUP6	
	板ばね	SUP9	
		SUP10	
冷間成型	コイル	SWB（硬鋼線）	低温焼戻し
		SWPA（ピアノ線）	
		SWO（オイルテンパー線）	
		SWPV（弁ばね線）	
	板ばね	みがき帯鋼	焼入れ焼戻し
		ステンレス	溶体化処理・時効処理

図 1-38 代表的なばね鋼の成分

	C	Si	Mn	Cr	V	
SUP3	0.75〜0.90	0.15〜0.35	0.30〜0.60	—	—	炭素鋼
SUP6	0.56〜0.90	1.50〜1.80	0.70〜1.00	—	—	シリコン・マンガン鋼
SUP9	0.52〜0.60	0.15〜0.35	0.65〜0.95	0.65〜0.95	—	マンガン・クロム鋼
SUP10	0.47〜0.55	0.15〜0.35	0.65〜0.95	0.80〜1.10	0.15〜0.25	クロム・バナジウム鋼

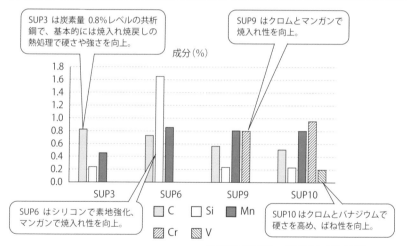

※グラフの数値は、成分値の中央値で表記

要点 ノート

ばね鋼の特徴は弾性限が大きいことで、その性質を得るために成分と熱処理が工夫されています。

2 材料の基礎知識

ステンレス鋼

　ステンレス鋼とは「ステン（しみ、汚れ）がレス（少ない）」の鉄鋼材料のことで、錆びにくい材料になります。表面にクロム（Cr）の酸化被膜を生成するため、この被膜によって優れた耐食性を有します（図1-39）。成分中に11％程度以上のCrを含むと、非常に良好な耐食性を示すといわれています。
　代表的なステンレス鋼は4種類あります（図1-40）。

- フェライト系ステンレス鋼：炭素含有量が少なくCr単味の成分系です。
- オーステナイト系ステンレス鋼：Crとニッケル（Ni）を多く含んでいます。Niを多く含んでいることがこの鋼種の特徴です。室温ではオーステナイト組織を保つことで、高い耐食性を示します。
- マルテンサイト系ステンレス鋼：主要元素は炭素0.15％、Cr12％です。
- 析出硬化型ステンレス鋼：固溶化処理・析出硬化処理で強くすることができるステンレス鋼です。

　フェライト系ステンレス鋼は炭素をほとんど含んでいないため、マルテンサイト変態により硬さや強さが向上する効果はなく、基本的に熱処理は施しません。
　オーステナイト系ステンレス鋼も、フェライト系と同様に炭素をほとんど含まないため、焼入れのような熱処理はしません。ただし、熱処理ではなく冷間加工によりマルテンサイト化して硬化します。
　ステンレス鋼の中でマルテンサイト系ステンレス鋼類だけは、焼入れ焼戻しで強くなります。代表的な処理パターンは、約1000℃で油冷焼入れし、その後700℃で焼戻しを行います。
　析出硬化型ステンレス鋼に施す固溶化処理とは、添加元素を十分溶け込ませるために高い温度に加熱してから保持後に急冷するものです。代表的な処理パターンは、約1000℃で油冷焼入れし、その後700℃で焼戻しを行います。

図 1-39 | 大気暴露におけるクロム（Cr）を添加した効果

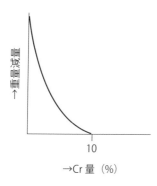

横軸にクロム（Cr）の含有量、縦軸に大気暴露して腐食による重量の減量をとったもの。Cr量が11%以上あると腐食による減量が非常に少なくなることを示している。

図 1-40 | 代表的なステンレス鋼の成分

	C	Si	Mn	Ni	Cr	Cu	
SUS430	≦0.12	≦0.75	≦1.00	—	16.00〜18.00	—	フェライト系
SUS304	≦0.08	≦1.00	≦2.00	8.00〜10.50	18.00〜20.00	—	オーステナイト系
SUS403	≦0.15	≦0.50	≦1.00	≦0.60	11.50〜13.00	0.00	マルテンサイト系
SUS630	≦0.07	≦1.00	≦1.00	3.00〜5.00	15.00〜17.50	3.00〜5.00	析出硬化型

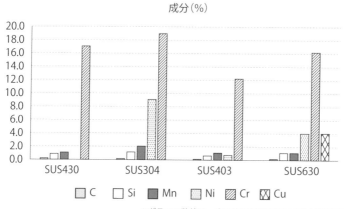

※グラフの数値は、成分値の中央値または最大値で表記

要点 ノート

ステンレス鋼の特徴は、Cr11%以上を添加することで表面にクロム酸化物を生成させて、抜群の耐食性を得ていることです。

2 材料の基礎知識

鋳鉄

　鉄鋼材料を炭素の量で分類した場合、高炭素鋼よりさらに高い約2%以上の炭素を含有するものを「鋳鉄」といいます。炭素を3.5%、シリコン（Si）を2.5%程度含みます。JISには成分規定はありません。
　鋳鉄は、現出する黒鉛形状によって3種類に分類できます。

- 片状黒鉛鋳鉄　（JIS記号ではFC材）：「普通鋳鉄（ねずみ鋳鉄）」と呼ばれるもので、黒鉛が片状になっています。
- 球状黒鉛鋳鉄（JIS記号ではFCD材）：溶湯に接種と呼ばれる処理を施すことで、黒鉛を球状化したものです。黒鉛が片状に散在していると外部からの負荷に対し切り欠きになり強さが弱くなりますが、球状化すると強さ、粘さが向上します。
　　FC材、FCD材の両者共通で適用される熱処理としては、①鋳造などの成型時に発生する内部応力の除去や、内部組織の偏析などの均質化のための焼なまし、②加工性を上げるための応力除去焼なましがあります。また、一部の用途で焼入れ焼戻しも行われます。
- 可鍛鋳鉄：黒鉛が塊状に出る黒心可鍛鋳鉄（JIS記号ではFCMB材）や、表面から脱炭させた白心可鍛鋳鉄（JIS記号ではFMCW材）などがあります。図1-41に鋳鉄の主な熱処理を示します。

　鋳鉄の組織は炭素量とSi量の影響を大きく受けます。また、鋳造時の冷却速度の影響を大きく受け、組織が変わってきます。冷却速度が速い順に見てみると、次の種類があります。
①白鋳鉄：硬いセメンタイトが多い組織で「チル」ともいいます。耐摩耗性が求められるカムシャフトの摺動部などに利用されています。
②パーライト・黒鉛鋳鉄：パーライト地に黒鉛が散在した鋳鉄です。
③フェライト・黒鉛鋳鉄：白い軟らかいフェライト地に黒鉛が散在した鋳鉄です。
　　鋳鉄品は「鋳放し」という鋳造したままでも多く利用されますが、鋳放しのままでは①内部応力が多い、②素地がフェライト組織だと軟らかすぎる、②形

第1章 これだけは押えておきたい 熱処理の基礎知識

状のいびつな部分で黒鉛の偏析が問題になる、といったことから熱処理による改善がなされています。

鋳鉄の焼ならし、焼なましは、内部偏析の除去や鋳造時の内部応力の除去が目的で、加工前に行われます（**図1-42**）。炭素が多いため遊離セメンタイト組織の切削性への影響などを改善することが目的です。

図 1-41 | 鋳鉄の主な熱処理

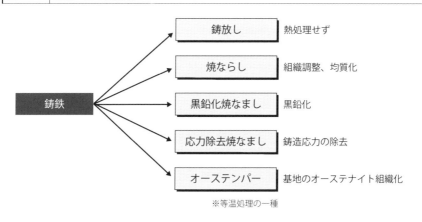

図 1-42 | 鋳鉄の焼なましの処理パターン図

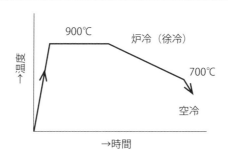

> **要点 ノート**
> 鋳鉄の熱処理は大物部品の加工性改善のために採用されており、求められる効果は成型時の残留応力の除去や組織の偏析の均質化などがあります。

2 材料の基礎知識

アルミニウム合金

　アルミニウム（Al）は、実用金属の中でマグネシウム（Mg）に次いで軽い金属で、酸化しやすく表面に酸化物を生成することで優れた耐食性を示す金属です。展伸用合金と鋳物用合金に分類され、さらに熱処理で強化できる熱処理型と熱処理なしで利用される非熱処理型に区別されます。

- 熱処理型合金（時効型）：銅（Cu）、亜鉛（Zn）、マグネシウム（Mg）、シリコン（Si）などの元素を添加することで、熱処理によって素地中に金属間化合物を析出させ強さを得ます（Al-4％Cu、Al-5％Zn-2％Mgなど）。
- 非熱処理型合金（焼なまし型）：塑性加工による硬化と焼なましの組合せによって、適当な強さを得ます（Al-12％Si、Al-3％Mgなど）。

　アルミニウム合金と鉄鋼材料に対する熱処理は、加熱して冷却することで異なる性能を得ることは同じですが、基本的な内容が少し異なっています。鉄鋼材料の熱処理の基本は、ある温度以上に加熱して結晶構造を変える変態現象を利用します。それに対してアルミニウム合金の熱処理は、添加元素の金属間化合物の析出という現象を利用して硬い物性を得ます。
　アルミニウム合金の製造条件と質別記号の概要を**図1-43**に示します。

　質別記号とは「製造過程における加工・熱処理条件の違いによって得られた機械的性質の区分」とJISで規定されています（JIS H 0001：アルミニウム、マグネシウム及びそれらの合金－質別記号）。アルミニウム合金の質別記号の内容を次に示します。

- F材：製造のまま。いわゆる現場的には「生材」といわれる製造のままのもの。
- O材：焼なましをしたもの。展伸用合金ではもっとも軟らかい状態にしたもの、鋳物用合金では伸びの増加を抑えるためや寸法の安定化のために焼なましを施したもの。

- H材：展伸用合金に適用される記号で適度に加工硬化させたもの。
- W材：溶体化処理を施したもの。溶体化処理後は自然時効処理（70ページ参照）させる。
- T材：上記のF材、O材、H材以外の熱処理によって安定な質別にしたもの。

　H材、T材はさらに細かく区分けがされています。ここではT材について細分化の内容を整理しておきます。

- T1：高温加工から冷却後、自然時効処理させたもの。
- T2：高温加工から冷却後、冷間加工を行い、その後に自然時効処理させたもの。
- T3：溶体化処理後、冷間加工を行い、その後に自然時効処理させたもの。
- T4：溶体化処理後、自然時効処理させたもの。
- T5：高温加工から冷却後、人工時効処理させたもの。
- T6：溶体化処理後、人工時効処理させたもの。
- T7：溶体化処理後、安定化処理させたもの。
- T8：溶体化処理後、冷間加工を行い、その後に人工時効処理させたもの。
- T9：溶体化処理後、人工時効処理さらに冷間加工を行ったもの。
- T10：高温加工から冷却後、冷間加工を行い、その後に人工時効処理させたもの。

図1-43　アルミニウム合金の製造条件と質別記号

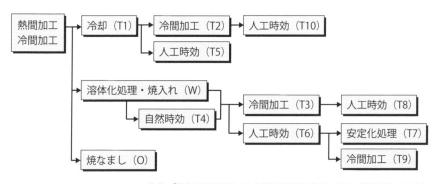

出典：「熱処理技術便覧」日本熱処理技術協会編、日刊工業新聞社、2000年

要点　ノート

アルミニウム合金の特徴は、鉄に比べて軽いことで、溶体化処理・時効処理で強さの向上を図っています。

コラム

● 受け身と能動 ●

　熱処理の実作業は、慣れない間はかなり大変だと思います。でも、それはどのような作業にも当てはまります。それでも、あえて「慣れない間は」と注釈を加えて大変といいたいのは、慣れてくると仕事がこなせる場合が多く、周りからはさほど大変なことだとは思われなくて熟練者と認識される場合があるからです。

　慣れない作業を説明する前に、慣れやすい作業の一例をあげます。例えば、自動化された連続処理ラインで部品を熱処理する場合、部品をコンベアにセットしてスイッチを入れれば、部品は段階的に予熱されながら加熱炉へと運ばれ、所定の温度に保持された後、焼入れ工程に移り、さらに所定の時間を経過してコンベアの外に出るという具合に自動的に流れていきます。この連続処理ラインをコントロールすることは、熱処理の実作業というよりもオペレータの仕事になります。慣れてしまえばやさしい作業といえます。

　これに対して、そういった一連の連続処理ラインの工程をプログラミングする作業は、熱処理のなかみを理解していないとうまくいかない、慣れない作業もしくは慣れにくい作業といえるでしょう。熱処理のなかみといっても、単に教科書的な知識だけではラインは動かせません。例えば、部品を加熱炉に入れる際の配置や取り付け方法などは、部品の形状や重量などにあわせた工夫が求められます。また、加熱炉の大きさや形状、炉内扇風機や温度センサーの取り付け位置、油冷で冷却する場合には浴槽中の部品の設置位置など、考慮すべきさまざまな状況が存在します。こうした一連の工程設計こそ大量生産を効率良く行う極意となります。

　一方、「一品物(いっぴんもの)」といわれる生産の場合、数は少ないけれど形状が複雑で大物部品であることが多く、教科書的な知識が簡単に通用することはありません。同じ条件で熱処理しても、いつも同じ品質になるとは限らないのです。このような時は、現場でいろいろと工夫が求められ、今までの経験などから獲得した技能やノウハウが役に立ちます。

　熱処理作業はやさしくこなせる場合は少なく、現実には知識や知恵に加えて、前述したように技能やノウハウを駆使して臨む姿勢が求められます。作業者自らが「どうしたらうまくいくか」と能動的にチャレンジすることです。

【 第2章 】

熱処理の実作業

1 熱処理作業のいろいろ

焼ならし

　焼ならしの目的は、前工程の加工ひずみをなくすこと、結晶粒を微細化・均一化することです。全体がオーステナイト組織になる温度まで加熱して、そこから空冷します。焼ならしでは、すべてがオーステナイト単一領域になるまで加熱します。加熱温度は、亜共析鋼でA_3線+30～50℃、過共析鋼ではA_{cm}線+30～50℃になります（**図2-1**）。鉄－炭素平衡状態図を用いることで、炭素含有量に応じた適切な加熱温度を知ることができます。

　焼ならしと焼なましでは、加熱温度が異なります。焼ならしは、すべての材料についてオーステナイト単一領域まで加熱することで、「ひずみや結晶の不揃いなどの問題をすべてキャンセルして、再スタートさせる」といったイメージですが、焼なましの加熱温度は、過共析鋼以上の炭素含有量の鉄鋼材料についてはA_1線+30～50℃位にします（焼なましについては、次項で説明します）。

　図2-2に、普通焼ならしと等温焼ならしの熱処理パターン図を示します。焼ならしは、結晶粒の微細化・均一化が目的のため、通常は連続空冷を施します。大物部品に対しては、衝風冷却を採用することもあります。等温焼ならしでは、添加元素の溶け込みを促進したり、部品形状上の厚さの差などによる温度の不均一をできるだけなくすため、冷却途中で等温保持を行います。組織の標準化に有効な方法になります。

| 図2-1 | 焼ならし、焼なましの加熱温度設定図 |

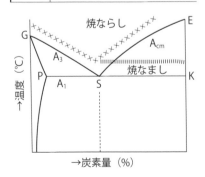

| 図2-2 | 普通焼ならし、等温焼ならしの処理パターン図 |

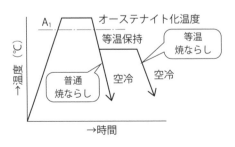

空冷による焼ならしの組織の出方は、CCT線図で知ることができます。図2-3に共析鋼のCCT線図を示します。横軸はオーステナイト域から冷却する際の時間軸（対数目盛）で、図の右に行くほどゆっくり冷えることになります。

図2-4に炭素量の違いによる炭素鋼の焼ならし組織の違いを表した写真を示します。(c) は炭素量が0.8%の共析鋼で、全面パーライト組織になっています。(a) と (b) は、それより炭素量の少ない炭素鋼で、フェライトとパーライトの混合組織です。(d) は、共析鋼より炭素の多い過共析鋼で、パーライト地に網目状にセメンタイトが出ています。

図2-3　共析鋼のCCT線図

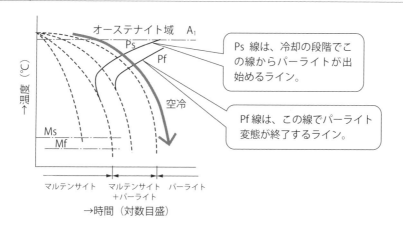

図2-4　焼ならしの組織写真

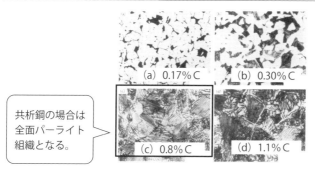

出典：「熱処理技術便覧」日本熱処理技術協会編、日刊工業新聞社、2000年

要点　ノート

焼ならしは、組織を微細化・均一化することで、材料を標準化する熱処理です。

1 熱処理作業のいろいろ

焼なまし

　焼なましは、材料を軟らかくすることで、加工しやすい硬さレベルまで落とすための熱処理で、主なものとして4種類に大別できます。それぞれの特徴を見ていきましょう。

❶完全焼なまし
　軟らかくするための基本的な熱処理です。亜共析鋼から共析鋼までは、焼ならしと同じようにA_3変態点以上のオーステナイト域まで加熱します。過共析鋼では、A_1変態点より高い温度域まで加熱します。過共析鋼は炭素量が多いため、冷却後に多くのオーステナイト組織が残留しやすく、その後、徐々にマルテンサイト組織に変態することで寸法変化などの不具合を起こすことがあります。それを回避する目的で、あまり高い温度まで加熱することを避けています。また、炭素量の多い材料をあまり高い温度にすると、その後の冷却で炭化物である硬いセメンタイトを多く析出させてしまうためです。

❷球状化焼なまし
　セメンタイトが線状や網目状に析出すると、硬さのために切削しにくくなります。そこで、セメンタイトを球状化させることで加工性を良くする処理が球状化焼きなましです。高合金鋼などに炭化物を十分溶け込ます場合は、変態点を何度も行き来する温度加減操作を行うことで球状化を図ります。

❸応力除去焼なまし
　前加工で行った鍛造や切削加工により発生して残留している内部応力を除去する目的で行います。A_1変態点直下くらいまで加熱してから徐冷します（図2-5）。

❹等温焼なまし
　オーステナイト域から550℃直上まで冷却した後、その温度で一定時間保持することで変態を完了させ、さらに空冷する焼きなましです。等温で保持することで、部品全体の温度が同じレベルになり、熱処理によるひずみの発生を抑えられるなど、品質の均一化が図れます。さらに、保持後の冷却を速めることができるなど、作業の効率化にもつながります。図2-6に等温焼なましの処理パターン図を示します。

図 2-5 | 応力除去焼なましの処理パターン図

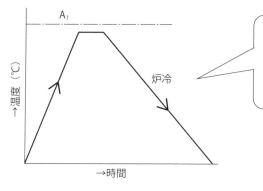

残留応力を除去することで、その後の変形や寸法変化の原因をなくす焼なまし。加熱温度は、A_1 変態点の少し下の 500～700℃位に設定する。

図 2-6 | 等温焼なましの処理パターン図

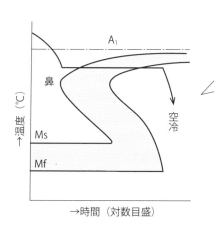

オーステナイト域から冷却を始めて、550℃位の温度で保持することで変態を完了させ、さらに空冷する。変態が均一に起こることで、炭化物の多い材料は品質が良くなり、処理時間が短縮されるなどのメリットがある。

要点 ノート

焼なましの一番の目的は軟らかくして加工性を上げることです。他にも、炭化物を球状化することで加工性を良くします。また、均一な温度を保持することで、処理の効率も上がります。

1 熱処理作業のいろいろ

焼入れ

　焼入れは、鉄鋼材料に硬さや強さをもたらすもっとも有用な熱処理です。焼入れによる硬さは、鉄鋼材料に含まれる炭素量で決まります。0.6％くらいまでは、炭素量が多いほど硬くなります。焼入れの加熱温度は、亜共析鋼ではA_3変態点＋50℃位に、過共析鋼ではA_1変態点＋50℃に設定します。亜共析鋼の加熱温度は、材料をオーステナイト組織にすることで炭素を十分に溶け込ませるための設定になります。過共析鋼では、過剰に炭素を溶け込ませると、焼入れ後までオーステナイト組織が多く残留するため、それを抑えるための温度設定になっています。**図2-7**に焼入れ温度の設定根拠を示す鉄－炭素平衡状態図を示します。

　冷却は急冷となります。550℃位までの冷却においては、その速度が速ければ速いほどマルテンサイト組織に変態するため、硬く強くなります。組織の出方はCCT線図から読み取ることができます。**図2-8**に共析鋼のCCT線図を示します。図中の一番左側の冷却カーブは、550℃を1秒ほどで通過していて、冷却後にはすべてマルテンサイト組織に変わっています。つまり冷却速度が上部臨界冷却速度より速いと（図中の上部臨界冷却速度より左側にあたる冷却速度であると）、すべてマルテンサイト組織になります。一方、共析鋼の場合、冷却速度が遅いと（図中の下部臨界冷却速度より右側にあたる冷却速度であると）マルテンサイト組織は出ず、パーライト組織が現れます。下部臨界冷却速度と上部臨界冷却速度の間の冷却速度で冷却した場合は、マルテンサイトとパーライトの混合組織になります。

　焼入れを処理パターン図で示すと**図2-9**のようになります。

　マルテンサイト組織が多く出るように550℃の臨界温度域までは急冷させて、さらにマルテンサイト変態割れなどから守るためにマルテンサイト変態が収束する250℃くらいからはゆっくりと冷却します。これは、体積膨張による不具合を回避するための手段です。

| 図 2-7 | 焼入れ温度 |

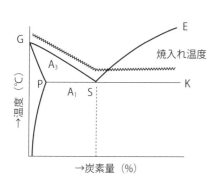

| 図 2-8 | 焼入れ冷却速度がわかる共析鋼のCCT線図 |

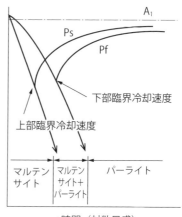

| 図 2-9 | 焼入れの処理パターン図 |

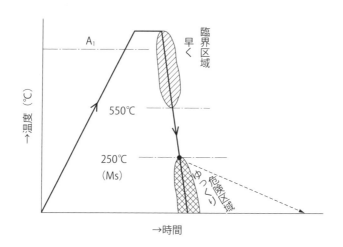

要点 ノート

焼入れは、鉄鋼材料に硬さや強さをもたらす一番の熱処理です。いかに速く冷却するかで品質が決まり、CCT線図からそのレベルを知ることができます。

1　熱処理作業のいろいろ

焼戻し

　通常、焼戻しを単独で行うことはありません。焼入れ後に、硬さは得られたものの脆くなってしまった場合に、粘さといった性質を取り戻すために行う処理です。焼入れ後の焼戻しには、大きくは低温焼戻しと高温焼戻しがあります。
　低温焼戻しは、焼入れによる硬さを確保するために行います。200℃前後のあまり高くない温度まで加熱して焼戻します。工具鋼などの硬さが必要なものに向く焼戻しです。
　一方の高温焼戻しは、400℃以上の高い温度まで加熱して焼戻す処理になります。硬さはやや低下するものの、粘さを得ることができます。
　焼戻しによる組織は、ともにフェライトとセメンタイトの混合組織ですが、それぞれセメンタイトの粒の粗さが違います。低温焼戻しの場合は「トルースタイト」、400℃以上の高温焼戻しの場合は「ソルバイト」と呼ばれる組織となります（図2-10）。
　焼戻しにおける注意点は、焼入れ後、速やかに焼戻しをすることです。特に炭素を多く含む鉄鋼材料では、焼入れによってマルテンサイト変態させた後に変態しきれなかったオーステナイト組織が残っていて、これが徐々に安定化していくため、十分な焼戻し効果が得られにくくなります。焼入れ後は、できるだけ速く焼戻しをします。また、焼戻し脆性という、ある温度域の焼戻しで脆くなる現象があります。そのため、その危険温度を外して、焼戻しすることになります。
　焼戻しは華やかな主役ではないものの、確実に性能を保証する裏方的存在といえるでしょう。

【各鉄鋼材料の焼戻し温度と効果】
- 機械構造用鋼は、600℃前後の高温焼戻しで脆さが改善。
- 低炭素肌焼鋼は、180℃程度の低温焼戻しで浸炭層の粘さを確保。
- 炭素工具鋼は、200℃程度の低温焼戻しで硬さ要望に対応。
- 高速度鋼は、600℃の高温焼戻しを複数回繰り返して2次焼入れ的な役割。
- 冷間金型鋼は、150℃程度の低温焼戻しで硬さを確保。

- 熱間金型鋼は、600℃程度の高温焼戻しで熱間強度と粘さを確保。
- 軸受鋼は、サブゼロ処理後の150℃程度の低温焼戻しで硬さ要求に対応。
- ばね鋼は、約450℃の焼戻しでばね硬さを確保（HRC40程度の硬さ）。

焼戻しは、精度良く管理されなければいけませんが、上記の各項目を見ると目的が如実に反映された条件温度になっていることがわかります。理論的な裏づけに加えて、実学的、経験的に成り立ってきた技術ともいえます。

図2-10 焼戻しで得られる組織

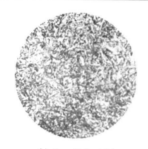 

〈トルースタイト〉　　〈ソルバイト〉
低温焼戻しで現れる組織　高温焼戻しで現れる組織

出典：「JISによる熱処理加工」大和久重雄著、日刊工業新聞社、1971年

要点 ノート

焼戻しは、熱処理において陰の立役者的な存在です。設定条件を守り切ることで確かな品質が得られます。

ミニコラム ● 図面指示 ●

鉄鋼材料の熱処理部品図面には硬さの指示があります。鉄鋼材料は、炭素含有量のある範囲において硬さと強さがほぼ比例関係になります。そのため強さを確認する手段として、硬さを測定し、確認することができます。

ところで、この硬さを指示する際に、ご丁寧にも加熱温度や時間の具体的な数値で熱処理条件を指示している図面があります。これは熱処理のことをわかっている人の指示だとは思えません。同じ材料の同じ形状の部品を同じ条件で熱処理をしても、すべてがまったく同じ硬さになる保証はありません。部品内部の熱挙動は同じようにはならないからです。

よほどの事前確認をし、これまでのデータベースによる裏づけがあるならともかく、一般的には熱処理条件と求める硬さを同時指定すると、どちらかの指示を守れないという事態が生じます。通常は要求する硬さの値を図面に指示します。

1 熱処理作業のいろいろ

サブゼロ処理

　サブゼロ（sub-zero）とは、0度以下のことです。一般的には摂氏の0℃を指しますが、華氏の0°F（約-17.8℃）のこともあります。いずれにせよ、0℃以下まで冷やす処理で、深冷処理ともいいます。

　第1章の「熱処理の原理」でも解説しましたが、オーステナイト状態から急冷するとマルテンサイト変態が起こります。図1-5（11ページ参照）で、マルテンサイト変態の起こる温度であるMs点と変態が終了する温度であるMf点、および炭素含有量との関連を示しました。Mf点の変化を表すMf線を低温側にたどると、炭素含有量が0.5％以上の材料は、0℃でもマルテンサイト変態が終わっていないことがわかります。残留オーステナイト組織は不安定な状態にあるため、徐々に変化して寸法変化やひずみ、割れなどの原因になります。そこで強制的にマルテンサイト変態を完了させて要求品質を担保するために、0℃以下まで冷却するのがサブゼロ処理になります。

　サブゼロ処理のパターン例を**図2-11**に示します。この図は炭素含有量の多い工具鋼の事例ですが、焼入れ後に急冷して焼戻してから、さらに-80℃程度の雰囲気の中に部品を入れて、適当な時間保持することでサブゼロ処理を施します。強制的に残留オーステナイト組織をマルテンサイト変態させることで硬さを確保し、最後に粘さを得るために焼戻しを行います。

　作業環境や手順の影響で、すぐにサブゼロ処理できない場合は、とりあえず60～100℃の湯につけるなどの処理を施して、オーステナイト組織が安定化するのを遅らせる対応をとることが好ましいでしょう。

　サブゼロ処理を必要とする鋼種は、残留オーステナイト組織が多い材料になります。すべてをオーステナイト状態にするまで加熱する際に、高い加熱温度や長い保持時間を要する鋼種で、高炭素の鋼種や融点が高いタングステン（W）やクロム（Cr）などの元素を多く含んでいる鋼種です。

　サブゼロ処理が求められる主な鋼種は次の通りです。

- 金型鋼（SKD材）：冷間金型鋼、熱間金型鋼とも、焼入れ後のサブゼロ処理は基本です。
- 軸受鋼（SUJ材）：表面層のオーステナイト組織などは軟化が嫌われるた

め、その原因となるオーステナイト組織をマルテンサイト変態させるためにサブゼロ処理は必ず行われています。また、清浄度や加工性向上などの要求から、事前の球状化焼なましも施します。

- 機械構造用鋼のうちの肌焼鋼（SNCM材）：浸炭後の表面層は共析鋼並みの炭素含有量になるため、比較的多くオーステナイト組織が残留します。ただし、同じ肌焼鋼でもニッケル（Ni）を含まないSCM材では表面硬さも要求通り出るため、通常ではサブゼロ処理は行いません。SNCM材のようにNiをある程度以上含む肌焼鋼は、浸炭への抵抗性から表面層部にオーステナイト組織が多く残るためサブゼロ処理が必要と考えられています。

他に高速度鋼（SKH材）も高炭素ですが、複数回の焼戻しを行うことで炭化物の析出硬化を促しており、通常、サブゼロ処理は行いません。

図2-11 サブゼロ処理の処理パターン図（工具鋼の例）

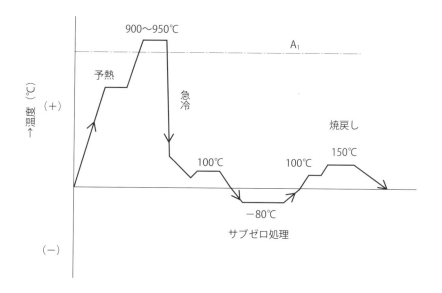

要点 ノート

残留オーステナイト組織を少なくするにはサブゼロ処理が必要です。残留オーステナイト組織が多く残ると、寸法変化、ひずみなどの不具合の原因になります。

1 熱処理作業のいろいろ

等温処理

　焼ならし、焼なましの項でも紹介しましたが、特定の温度で一定時間保持することを等温処理と呼び、焼入れ焼戻しの際の冷却時などでも等温処理を施すことがあります。添加元素の溶け込みを促進したり、部品形状による温度差を少なくするための作業ですが、オーステナイト組織からベイナイト組織への変態を一気に加速させることで内部ひずみをなくして、均一な性状にすることができます。また、等温処理後の冷却時間を短くすることができるなど、作業効率向上にも効果があります。

　主な等温処理として、オーステンパー、マルクエンチ、マルテンパー、等温焼なましなどがあります。

❶オーステンパー
　オーステナイト状態からの冷却時に、550℃より低くかつMs点より高いの温度域で等温保持することで、残留オーステナイト組織を完全に変態完了させる処理です（図2-12）。粘さのある硬いベイナイト組織を得ることができます。

❷マルクエンチ
　オーステナイト状態からの冷却時にMs点のすぐ上の温度で等温保持し、表面部と内部の温度が均一になったところで空冷焼入れしてマルテンサイト化させ、その後に焼戻しを行います（図2-13）。ゆっくり変態するため、焼割れや変形を生じず、硬くて粘さのある組織が得られます。

❸マルテンパー
　オーステナイト状態からの冷却時に、Ms点を過ぎてマルテンサイト組織が出る温度域に保持し、マルテンサイト変態が完了したところで空冷します（図2-14）。マルテンサイト組織とベイナイト組織の混合組織になります。硬くて粘さのある組織が得られます。

❹等温焼なまし
　60ページの「焼なまし」の項を参照してください（図2-15）。

　各種の等温処理をTTT線図と重ね合わせると図2-16のようになります。

第2章 熱処理の実作業

図 2-12 オーステンパーの処理パターン図

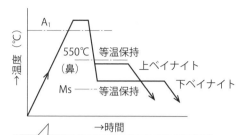

等温処理でベイナイト組織が得られる。高い温度の側では羽毛状、低い側では針状ベイナイトが出る。

図 2-13 マルクエンチの処理パターン図

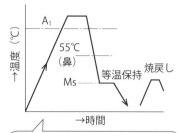

マルクエンチは、空気焼入れによるマルテンサイト化を目的する焼入れのため、粘さを確保するために焼戻しを行う。

図 2-14 マルテンパーの処理パターン図

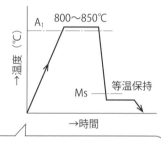

Ms点を過ぎて等温保持し、硬さと粘さを確保する。

図 2-15 等温焼なましの処理パターン図

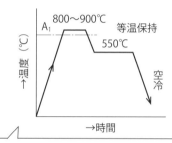

TTT線図の直上の温度で保持することで、焼なましの時間を短縮できる。

図 2-16 TTT線図から見る等温処理

①オーステンパー：完全なベイナイト組織が得られる。
②マルクエンチ：Ms点直上温度で保持し冷却した後、直後に焼戻しする。焼割れなどの不具合の少ない処理。
③マルテンパー：Ms点とMf点の間の温度で保持することで、硬くて粘さのある組織が得られる。
④等温焼なまし：550℃で保持し、その後、水冷することで処理時間を短縮できる。

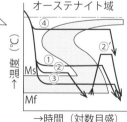

> **要点 ノート**
> 等温処理の一番の目的は、熱処理の途中において、ある温度で保持してマルテンサイト変態を全体で同時に起こさせ、強さと粘さをアップさせることです。また、ひずみや変形を抑える有用な熱処理でもあります。

1 熱処理作業のいろいろ

固溶化処理と時効処理

　添加された元素が鉄鋼材料などの元の構造体に混じっている状況を固溶、あるいは固溶体と呼びます。固溶体にすることによって材料の性質が変わるため、そういう挙動を利用するための処理を「固溶化処理」と呼びます。さらに、固溶体から析出物が出て硬化することを「時効処理」といいます。

　作業としては、固溶化に適した温度にまで加熱し、その後に急冷します。これが固溶化処理です。さらに、少し低い温度まで再加熱して析出を促進する時効処理を行いますが、時効処理には自然に放置することで析出を進める「自然時効処理」と、所定の低温度で保持する「人工時効処理」があります。

　同様な手順に焼入れ焼戻しがありますが、焼入れが変態点以上に加熱することで炭素原子を十分にオーステナイト組織に溶け込ましてから急冷して、マルテンサイト化を促進することで硬さを得るという変態挙動を利用するのに対し、固溶化処理では加熱して第2相（主となる素材の中に含まれる他の元素）を十分溶け込ませてから急冷することで、過飽和成分を強制析出させるというものです。

　この固溶化処理は、炭素含有量が非常に少なくてマルテンサイト変態で物性が変わることを利用することができない鋼種に適用されます。ステンレス鋼の一部や、非鉄金属材料ではアルミニウム－銅（Al-Cu）合金のように、固溶しやすい元素の合金などに適用され、析出硬化で硬さを得ています。

　図2-17に固溶化処理・時効処理のパターン図を示します。

　図2-18にAl-Cu合金の平衡状態図を示します。常温では$\alpha+\theta$の2相である合金を、ある温度以上に加熱することで均一な固溶体とした後、急冷すると過飽和な状態になります。さらに、これを低温で加熱することによって、ムリに溶け込んでいた銅の元素が金属間化合物として析出し、硬くなります。例えば、銅を4％含んだアルミニウム合金を500℃以上に加熱してから急冷し、次に比較的低い温度に加熱すると$CuAl_2$を析出し、硬くなります。一般的には、アルミニウム合金などの非鉄金属材料に対する処理は「溶体化処理・時効処理」と称されますが、理屈は固溶化処理・時効処理と同じです。

第2章 熱処理の実作業

図 2-17 | 固溶化処理・時効処理の処理パターン図

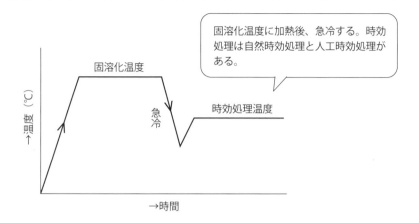

固溶化温度に加熱後、急冷する。時効処理は自然時効処理と人工時効処理がある。

図 2-18 | アルミニウム - 銅（Al-Cu）合金の平衡状態図

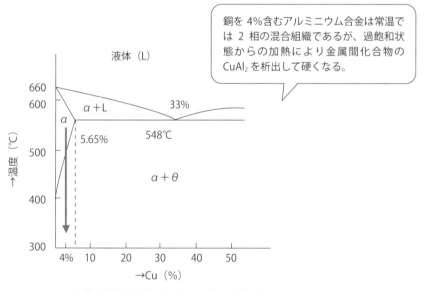

銅を4%含むアルミニウム合金は常温では2相の混合組織であるが、過飽和状態からの加熱により金属間化合物の$CuAl_2$を析出して硬くなる。

α相の温度域から冷却するとα+θの2相になる

要点 ノート

固溶化処理・時効処理は、炭素元素を基本とする焼入れ焼戻しとは異なる硬化原理によるものですが、炭素をほとんど含まないオーステナイト系ステンレス鋼の一部やアルミニウム合金では硬さを得る手法として利用されています。

1 熱処理作業のいろいろ

高周波焼入れ

　高周波焼入れは、表面の硬さを得るための1つの方法です。高周波焼入れコイル（図2-19）の誘導電流から生じる熱エネルギーを用いて焼入れを行います。急速加熱できるため、焼入れ時間も短く、コンパクトな熱処理を実現できます。加工工程ラインの中に組み込むこともでき、加工全体の生産性向上に寄与します。

　高周波焼入れに用いる高周波焼入れコイルの構造は図2-20に示すようになっています。被処理物である部品などとかなり近接しており、コイル内部には冷却水通路が確保されていて加熱後すぐに冷却できるようになっています。

　高周波焼入れの特徴は急速処理であることです。急加熱されることで表面層が膨張しますが、内部があまり膨張変化を起こさないうちに表面層は急速冷却されます。その結果、表面層に大きな圧縮の残留応力が残り、疲れ強さが高くなります。自動車部品のクランクシャフトなどに向いた熱処理で、性能的に大きなメリットを与えることができます。

　また、部分的な熱処理ができるため、部品個々の要求される物性に効率的に対応でき、生産性的にも有効な熱処理と考えられます。図2-21にクランクシャフトピン部の高周波焼入れの断面状態を示します。

図 2-19　高周波焼入れコイルの例

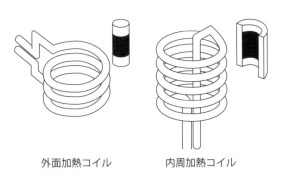

外面加熱コイル　　　内周加熱コイル

出典：「熱処理技術便覧」日本熱処理技術協会編、日刊工業新聞社、2000年

図 2-20　高周波焼入れコイルの構造例

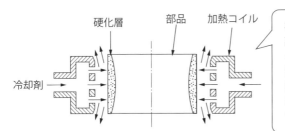

被処理物の表面に適切な距離をもって高周波焼入れコイルをセットし、高周波電流を流して表面層を局所加熱する。加熱後はコイルの噴出口から冷却水を噴射して急速冷却する。

出典：「熱処理技術便覧」日本熱処理技術協会編、日刊工業新聞社、2000年

図 2-21　クランクシャフトピン部の高周波焼入れの断面状態

表面層の硬さが必要な部分に特化して硬くできる。また、熱挙動により圧縮残留応力が大きくなることが他の浸炭などに比べ優位になる。

表面層の白色領域が高周波焼入れされた部分。コンロッドと摺動接触する部分の耐摩耗性を確保している。

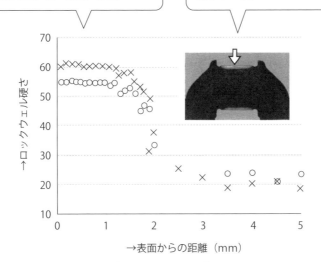

出典：「Honda R&D Technical Review」（Vol.16 No.2）

要点　ノート

高周波焼入れは、高炭素鋼に対して有用な表面硬化方法で、加工工程へ組み込むこともできるため生産性向上にも寄与します。

1 熱処理作業のいろいろ

浸炭

　鉄鋼材料の熱処理では、炭素含有量が多いほど硬く、強くなります。そして、多くの機械部品は表面層に曲げ応力やねじり応力、耐摩耗性などが求められます。つまり、機械部品の多くには、表面層をなんとか強くしたい、硬くしたいというニーズがあるのです。その解決方法の1つが浸炭です。

　低炭素鋼の表面に炭素を浸入させて、共析鋼レベルの高炭素含有量にします。これを焼入れすると、内部は元の粘さのある状態のままで表面層のみが強く、硬くなります。そのためギアやシャフト類など多くの部品に浸炭が使用されています。逆に、ボルトのように基本的に軸方向全体で引張荷重を受けるようなものは、全体として強度負荷がかかるため、特殊な場合を除いて表面層だけを強くする必要はありません。

　浸炭を行った部品は、内部と表面層では炭素含有量が違うため、同じ焼入れ温度で処理することではベストの品質は得られません。そのため2度の焼入れを施します。

　浸炭後まず、900℃位から950℃位で1次焼入れを行うことで低炭素である内部の焼入れ品質を確保します。続いて、温度を下げて800℃位で高炭素である表面層のための2次焼入れを行います（図2-22、2-23、2-24）。ただし、部

図 2-22　炭素量と焼入れ温度の関係

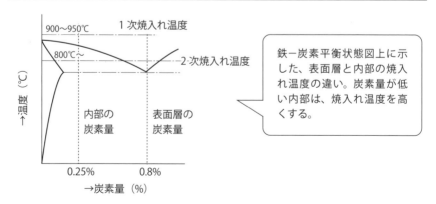

品が大きくない場合には、内外温度差の影響が少ないと判断して1度の焼入れで済ませる場合もあります。

浸炭は時間がかかり、高温になります。その影響でオーステナイト組織が残る場合には、サブゼロ処理を行い、その後、焼戻し行います。焼戻しは150〜180℃の低温焼戻しとなります。

図 2-23 | 浸炭の処理パターン図（焼入れ1回の場合）

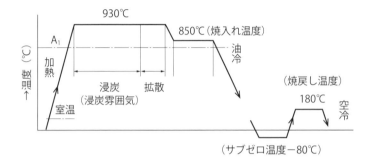

図 2-24 | 浸炭の処理パターン図（焼入れ2回の場合）

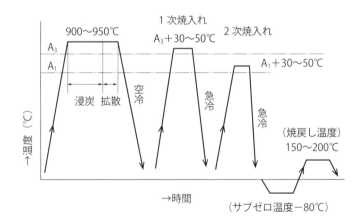

> **要点 ノート**
> 浸炭は、自動車部品など硬さや疲れ強さが求められる機械部品などに多く利用される熱処理です。

1 熱処理作業のいろいろ

軟窒化処理

　軟窒化処理は、鉄鋼材料の表面層に窒素（N）を浸入させて鉄と化合物を生成させることで、疲れ強さや耐食性を向上させる処理です。処理温度が580〜600℃と低いため変形が少なくなります。また、浸炭と異なり処理後の焼入れ焼戻しを必要としないため熱処理としての手間は少なくなります。

　軟窒化処理以前に開発された、窒素を利用する表面硬化処理として窒化処理があります。素材にアルミニウムを含んだ鉄鋼材料に対する窒化は耐摩耗性などの効果が高く、窒化鋼としてJISにもSACM材などが規定されています。

　窒化も軟窒化もNを利用した処理ですが、処理方法や処理時間が異なります。窒化には50時間程度の長時間が必要ですが、軟窒化は1時間以下の時間で処理できるという特徴があります。軟窒化処理後の表面硬さは窒化に比べてやや下がりますが、効率的な熱処理です。

　表2-1に窒化と軟窒化の比較を示します。

　窒化も軟窒化も部品の表面層の性質改善が目的です。それぞれに特徴と性能上のメリットがあり、処理される部品の要求内容から、それぞれをうまく組み合わせて処理を行います。図2-25にガス軟窒化の処理パターン図を、図2-26に軟窒化層の断面写真を示します。

表2-1 窒化と軟窒化の比較

	種類	概要	処理条件	処理時間	硬化層	硬さ	適用材料例	適用部品例
窒化	ガス窒化	浸炭に代わる、より強く精度が高い処理	アンモニアガス雰囲気。発生機の窒素を鉄鋼材料に拡散	500〜550℃ 長い （25〜100時間）	深い (0.1〜0.3mm) 拡散層 Fe-Al-N、Fe-Cr-N	高い ビッカース硬さ (HV700〜1200)	窒化鋼など (SACM645)	金型 ドライブシャフト カムシャフト など
	塩浴窒化	ガス窒化の短所を改善した迅速処理。公害対応が必要	シアン酸ソーダ シアン酸カリ	500〜600℃ ガス窒化より短い （5〜10時間）			一般鋼材	
軟窒化	ガス軟窒化	耐摩耗性・耐焼付性・耐疲労性の向上が目的の処理	浸炭性ガスとアンモニアガスの混合雰囲気	500〜600℃ 短い （90〜150分）	浅い (0.008〜0.015mm) 化合物層 Fe₃N、Fe₄N	低い ビッカース硬さ (HV400〜700)	炭素鋼など	自動車部品 電気電子部品 など
	塩浴軟窒化 （タフトライド）	窒素と炭素の拡散を利用した処理。公害対応が必要	シアン酸ソーダ シアン酸カリ	500〜600℃ 短い （30〜180分）			鉄鋼、鋳鉄	

実際の部品への適用にあたっては、コストや環境適合性なども勘案して選択します。液体軟窒化では、処理液にシアン系薬剤を使用するため環境対応が必要となります。また、ガス軟窒化と液体軟窒化では、処理時の窒素との接触の緊密さに違いがあり、例えばミッションギアの歯先と歯底を比べると、液体軟窒化の方がガス軟窒化より均等になるため処理品質は良くなります。

図 2-25　ガス軟窒化の処理パターン図

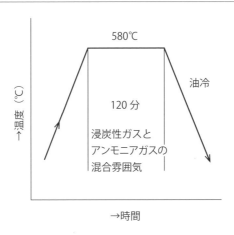

図 2-26　軟窒化層の断面写真（S48C）

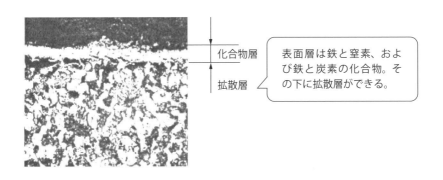

表面層は鉄と窒素、および鉄と炭素の化合物。その下に拡散層ができる。

要点 ノート

軟窒化による表面硬化処理は、機械部品などにその簡便性や有益性から多く利用されています。

2 熱処理の品質管理

品質確認と対策

❶品質確認
熱処理作業は、外見上では品質レベルがわかりません。要求レベルを満たしているかどうかは、次に示す確認方法を用いて調べます。
①外観品質
目視観察(キズ、変形、寸法など)/浸透探傷試験(表面開口部の欠陥など)/磁粉探傷試験(表面層部の欠陥など)
②材料成分
蛍光X線試験/火花試験　など
③硬さ・表面硬さ
ロックウェル硬さ測定/ショア硬さ測定/ブリネル硬さ測定　など
④硬さ分布
ビッカース硬さ測定
⑤金属組織
金属顕微鏡による観察
⑥物性
引張試験/疲労試験/衝撃試験/耐食性試験・耐候性試験　など

素材段階のチェックから各工程の中間チェック、最終チェックまで、ロット単位の抜き取り試験、サンプルによる破壊試験などにより品質の確認が行われます。大量生産では合格率が設定され、それをいかに高い数値に持っていくかが品質目標となります。

❷不具合対応
品質管理で重要なことは不具合対応です。現場では設備トラブルや操作ミスなどの人的ミスが発生します。不具合が発生した場合は、速やかに不具合原因の調査と対応・対策が必要です。
手順1：不具合内容の明確化（何が、どこで、どのように起きたのか）
手順2：不具合原因の明確化（なぜ、その不具合が発生したのか）
手順3：対応・対策案の検討（どのようにすれば、その不具合原因をなくせるか）
手順4：対応・対策案の検証（対応・対策法の妥当性を確認する－再現性の確認）

手順5：対策を施した仕様で生産再開（対策仕様を現場・現物へ落し込む）

　こうした不具合対応の具体的な手法としてQC手法など多くの手法があり、実践されています。いずれも基本的な考え方は共通しており、現状把握→真因の追求→対策→検証という流れです。大切なのは、一連の出来事や事象をすべて記録し保存しておくことです。その後、同様の不具合が発生した時に教訓として活かせるように管理要領にしておきましょう。

❸品質管理のポイント

　熱処理技術は、金属学的理論の裏づけを積み重ねながら進展してきています。しかし、例えば、大物部品や複雑形状部品における金属内部の熱の伝わり方などの把握は極めて現場的な技術的課題であり、経験に基づいた実作業の対応が品質と生産性を決めることも多々あります。これからはそうしたノウハウを数値化し、新しい品質管理に進化させていくことが求められています。

　熱処理における不具合現象として熱ひずみ、寸法変化などもあり、各材料の熱膨張係数、熱伝導度など固有の性質の違いが基本因子となります。処理上で制御できるのは熱応力や変態応力の出方で、この介在因子を知恵と知識で工夫することで品質は確保できると考えられます。図2-27に不具合発生メカニズムを示します。

図2-27　不具合発生のメカニズム

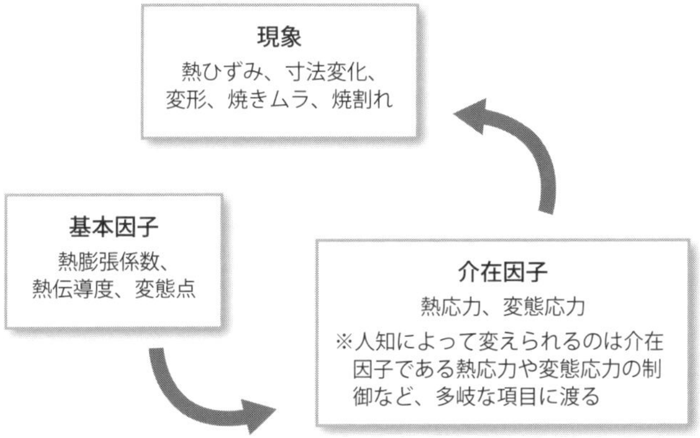

現象
熱ひずみ、寸法変化、変形、焼きムラ、焼割れ

基本因子
熱膨張係数、熱伝導度、変態点

介在因子
熱応力、変態応力
※人知によって変えられるのは介在因子である熱応力や変態応力の制御など、多岐な項目に渡る

> **要点 ノート**
> 熱処理の品質管理は経験に基づいたノウハウ的要素も多いのですが、これからは数値化をベースにしたIoT（モノのインターネット）やAI（人工知能）時代に相応しい品質管理が期待されています。

2 熱処理の品質管理

外観品質と材料成分

❶目視観察（キズ、変形、寸法など）

3現（現場・現実・現物）の観点から、肉眼でよく観察します（図2-28）。欠陥の位置、大きさ、形状を見てスケッチや写真などで記録します。あわせて周辺状況を見て、不具合の原因になりそうな情報を集め、対策の参考資料にします。

❷浸透探傷試験（表面開口部の欠陥など）

非破壊検査手法の中でもっとも簡便で、経費も手間もそれほどかかりません。ただし、検出能力は限定され、割れなどの欠陥が表面に開口したものでないとわかりません。

検査対象物表面に染色浸透液を塗布し、表面を拭いて現像液を塗布します。キズ開口部から現像液がにじみ出ることで、欠陥像が現出します（図2-29）。

❸磁粉探傷試験（表面層部の欠陥など）

検査対象物に電流を通すと、フレミングの法則による磁界が発生して欠陥部にS、Nの磁極が生じ、磁粉をかけると欠陥模様が現出します（図2-30、2-31）。逆に、検査対象物に磁界をかけて電流を発生させる方法もありますが、検出原理は同じです。浸透探傷試験と異なる点は、必ずしも表面開口部の欠陥だけでなく、表面層に近い範囲に存在する欠陥を検出できることです。

❹材料成分分析

まずは、JIS規格や鉄鋼材料メーカーが発行するミルシート（納入仕様書）で成分を確認します。次に、現物の材料から分析用の試験片を切り出し、研磨盤を使って鏡面仕上げします。その試験片を蛍光X線分析計などの分析装置にかけて、構成元素を検出、分析します。JIS規格やミルシートの成分と比較し

図2-28 ｜ 3現の観点からよく観察する

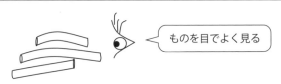

ものを目でよく見る

て、異なった材料でないか（異材でないか）を判別します。

図 2-29 | 浸透探傷試験方法

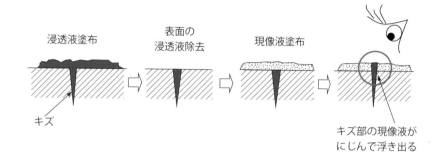

図 2-30 | 磁粉探傷試験の原理

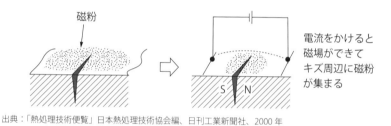

出典：「熱処理技術便覧」日本熱処理技術協会編、日刊工業新聞社、2000年

図 2-31 | 磁粉探傷試験の磁化方法の例（JIS Z 2320-1）

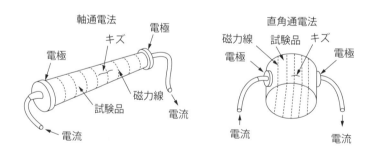

要点 ノート

品質検査の方法は JIS でも規定されており、データそのものがどこでも使える共通データとして評価されます。

2 熱処理の品質管理

硬さ・表面硬さ

　熱処理作業は、工程の随所で品質チェックの機会があります。簡便な工程管理（品質評価）として硬さ測定が行われます。表面硬さ測定方法は主なもので3種類あり、状況にあわせて使い分けます。

❶ロックウェル硬さ測定（JIS Z 2245）
　表面硬さの測定にはロックウェル硬さ測定が多く用いられています。その中のロックウェルC（HRC）は、平行にセットされた清浄な検査対象物（試験片）表面に、ダイヤモンドの円錐圧子を押しつけて所定の荷重をかけ、ダイヤモンドの圧痕の大きさとの相関で硬さを表示します。その他に鋼球の圧子を使って荷重を低めに抑えたロックウェルB（HRB）などの測定方法があり、試験片の材質などにあわせて適宜使い分けられています。
　硬さと引張強さは、ある範囲ではほぼ比例関係にあるため、硬さを測定することで引張強さも推定でき、工程管理の目安になります（図2-32）。硬さが出ていると引張強さが保証されているという裏づけにもなるのです。

❷ショア硬さ測定（JIS Z 2246）
　試験片の試験面に、先端にダイヤモンドを埋めた鋼製ハンマーを所定の高さから落下させ、衝突後のハンマーの跳ね上がり高さで硬さを評価します。このショア硬さ測定は、測定時に検査対象物にほとんどキズをつけないので、多くの現場で採用されています。

❸ブリネル硬さ測定（JIS Z 2243）
　超硬合金の圧子を検査対象物表面に押し当て、試験力を解除後、表面に生じたくぼみ径を測定して硬さを評価します。

　硬さ測定は、熱処理現場における品質管理手法としてもっとも一般的に実施されています。多くの場合、熱処理工程の1つとしてインライン化されています。試験片を切り出して組織観察する方法に比べれば簡便に調べることができますが、その分、測定精度の信頼性確保が大切です。担当する部署や測定装置によって測定値が異なるということはあってはなりません。
　測定装置の精度を担保するためには、定期的に点検を行い、校正を実施し、

常に正しい値を示すことが確認されている必要があります。

測定作業についても、試験片の準備段階における試験片表面のスケール除去や、測定の打点位置（端面からの距離など）の確保、測定環境の確認（JIS規定である測定時温度10～35℃）など、測定値の信頼性を確保できる測定条件を満たしておくことが求められます。

モノづくり現場は、決められた生産計画に沿って動いており、開発や試作を担当する部署よりも時間的な融通が少ない状況に置かれます。ややもすれば作業条件がおろそかになりがちな状況もあるかもしれませんが、簡単な硬さ測定であっても品質管理にとっては重要な作業という認識が必要です。

図 2-32　硬さと引張強さとの相関（JIS の換算表よりグラフ化）

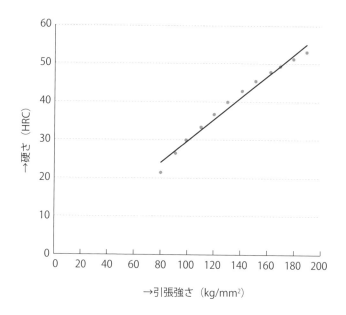

要点　ノート

鉄鋼材料の硬さは、引張強さ評価の有用な参考データにもなり、工程管理（品質評価）など多くの場面で利用されています。

2 熱処理の品質管理

硬さ分布

　熱処理は大きく分けて2種類があります。1つは部品全体に同じ熱処理履歴を与えて全体を同質にするもの（全体熱処理）で、大物部品は内部まで焼きが入りにくかったり、炭素鋼など焼入れ性が悪い素材は合金鋼に比べて均一に焼が入らなかったりということが起こります。

　もう1つが、表面層に対して重点的に強さ向上を目的に行う熱処理です（表面熱処理）。部品内部に向かって温度勾配がつくので、部位により焼きの入り方が変化します。「どの深さまで硬さを求めるか」、「どのくらいの硬さが必要か」に応じて熱処理条件を決めます。表面熱処理には浸炭、高周波焼入れ、窒化処理、軟窒化処理などがあり、機械部品などの要求品質に応じて使い分けられています。

❶浸炭の硬さ分布

　図2-33は浸炭層の硬さ測定の概要を示しています。試験片を切り出して研磨し、端面から圧子をあて圧痕の寸法から硬さ換算しプロットしていきます。表面（図中の左）から等間隔に測定し、測定値をグラフ化します。試験片内部のどこまで硬化されているかを確認できます。

　図2-34に浸炭による硬化層の硬さ分布を示します。縦軸はビッカース硬さ、横軸は表面からの距離です。硬化層深さの指示値は2つあり、有効硬化層深さは表面からビッカース硬さ550のところ、全硬化層深さは素材レベルの硬さのところと規定されています（JIS Z 2244）。

❷高周波焼入れの硬さ分布

　高周波焼入れの有効硬化層深さ（硬化層の表面から、規定する限界深さ位置までの距離）の規定値は、材料の炭素含有量（%）で区分けされており、
- C% < 0.33%：表面からビッカース硬さ350のところまで
- 0.33 ≦ C% < 0.43%：表面からビッカース硬さ400のところまで
- 0.43 ≦ C% < 0.53%：表面からビッカース硬さ450のところまで
- 0.53 ≦ C%：表面からビッカース硬さ500のところまで

と規定されています（JIS G 0559）。

❸窒化処理の硬さ分布

　窒化処理は表面層に化合物層が生成されるため、その下層にできる拡散層を含めた深さを実用硬化層深さとして規定しています（JIS G 0562、図2-35）。

図 2-33 | 浸炭層の硬さ測定方法（JIS Z 2244）

硬さ測定の手順としては、表面から等間隔に内部に向かってビッカース硬さを測定する。

図 2-34 | 浸炭の硬化層硬さ分布図（JIS Z 2244）

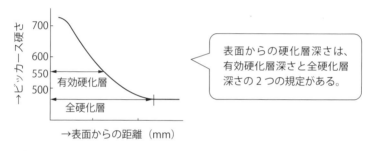

表面からの硬化層深さは、有効硬化層深さと全硬化層深さの2つの規定がある。

図 2-35 | 窒化・軟窒化処理の硬化層深さ規定（JIS G 0562）

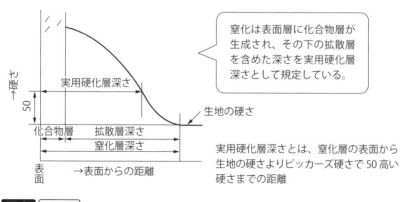

窒化は表面層に化合物層が生成され、その下の拡散層を含めた深さを実用硬化層深さとして規定している。

実用硬化層深さとは、窒化層の表面から生地の硬さよりビッカース硬さで50高い硬さまでの距離

要点 ノート

表面を硬化させる表面熱処理は、求められる硬化層の深さが得られるように熱処理条件が設定されます。

2 熱処理の品質管理

火花試験

　鉄鋼材料をグラインダーなどで削ると、火花が出ます。火花は、含まれる元素によって特有の色となるため、その色や火花の流線の特徴などから成分を推定することができます。図2-36に代表的な火花試験方法を示します。

　炭素鋼の場合は、炭素量によって火花の破裂の仕方に特徴が出るので、それを見るとおおよその炭素含有量を推定できます。図2-37に炭素鋼の火花の特徴を示します。

　図2-38に合金元素の火花の特徴を示します。

　含有元素量の多い少ないを知りたい場合や、類似鉄鋼材料を区別したい場合などに役立つ試験です。識別が困難な類似鉄鋼材料の見極めは、厳密には化学分析などが推奨されますが、現場において混入してしまった類似材料を簡便かつタイムリーに識別できます。

　熱処理は、材料によって最適条件が異なります。条件を間違えたまま処理してしまうと、時間もコストも大きなロスになります。火花試験は近代的な分析方法とはいえませんが、現場では有効な手段となっています。

図 2-36 　火花試験方法（JIS G 0566）

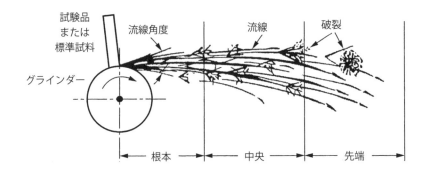

図 2-37　炭素鋼の火花の特徴（JIS G 0566）

とげ （0.05%C 未満）	2 本破裂 （約 0.05%C）	3 本破裂 （約 0.1%C）	4 本破裂 （約 0.1%C）

数本破裂 （約 0.15%C）	星形破裂 （約 0.15%C）	3 本破裂 2 段咲き （約 0.2%C）	数本破裂 2 段咲き （約 0.3%C）

数本破裂 3 段咲き （約 0.4%C）	数本破裂 3 段咲き花粉つき （約 0.5%C）	羽毛状花 （リムド鋼）

図 2-38　合金元素の火花の特徴（JIS G 0566）

白玉（Si）	ふくれせん光（Ni）	分裂剣花（Ni）	菊状花（Cr）

Mo% とやり先の形状
　　　 0.1%Mo
　　　 0.3%Mo
　　　 0.5%Mo

きつねの尾（W）	白ひげつきやり（W）	小滴（W）

裂花（W）	波状流線（W. 高 Cr）	断続流線（W. 高 Cr）

> **要点ノート**
> 火花試験は、現場で簡便かつタイムリーに対応できる有効な識別手段です。

2 熱処理の品質管理

金属組織

　鉄鋼材料の熱処理において、金属組織を把握することは重要です。金属組織が持つ、おのおのの特性やその組織の現れ方の知見を有することは、熱処理実務者として必須です。その金属組織の観察要領について紹介します。

❶試料の準備
　評価対象部位の試料を準備します。手順は、
手順1：評価面を研磨します（鏡面仕上げ）
手順2：エッチング（ナイタールエッチングなど、腐食液の塗布、洗浄、乾燥）
手順3：金属組織を顕微鏡で観察します
手順4：組織写真を撮影（記録）します
　となります。

❷金属組織観察
　金属組織観察の目的は、受け入れた素材の品質確認や熱処理作業（焼ならし、焼なまし、焼入れ焼戻し、浸炭など）の適正さを検証することです。不具合発生時には必ず把握すべきデータで、熱処理条件の見直しに反映させます。金属組織観察は、工程管理の手法として常に実施するのは現実的ではなく、試行期間における当初のパイロット生産の際に、熱処理条件が適正かどうかの判断材料となります。
　各熱処理では、次のような組織を観察します。
- 焼ならし：フェライト、パーライト
- 焼なまし：パーライト
- 焼入れ焼戻し：ソルバイト、トルースタイト
- 浸炭層：マルテンサイト、残留オーステナイトの出方
- 工具鋼：セメンタイト球状化レベル　など

　標準的な組織となっていることは、熱処理品質そのものを証明しています。熱処理の品質は外観からではわかりません。実際の現場では確認作業（観察断面切り出し、観察面研磨、薬液によるエッチング、検鏡など）の習熟も必要で、また観察する目も養っていかなければなりません。

❸結晶粒度観察

　結晶粒度は金属組織ではありません。結晶粒の大きさです。しかし、結晶粒度は物性に影響をもたらし、小粒なほど強い影響が出ます。結晶と結晶の境界面は変形に対する抵抗力となるため、境界面が多いほど強くなります。同じ体積であれば、結晶粒が多いほど境界面は多くなります。そのため、結晶粒度は品質を表す1つの尺度になっています。図2-39にJISで規定されている結晶粒度標準図の一部を示します。

　結晶粒度を判断尺度とするために、試料の採取方法や観察方法などは、JIS規格だけでなくISO（国際標準化機構）などの国際規格でも細かく規定されています。

図 2-39 ｜ 結晶粒度標準図（JIS G 0551）

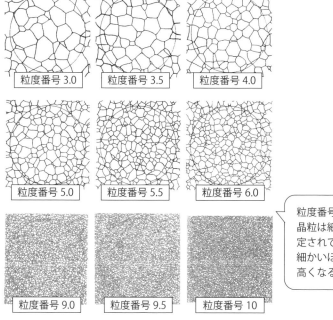

粒度番号が大きいほど結晶粒は細かくなるよう規定されている。結晶粒が細かいほど耐衝撃性能は高くなる。

> **要点｜ノート**
> 金属組織の現れ方や結晶粒度を観察することは、熱処理が適正に行われたことや耐衝撃性や強さの裏付けになります。

2 熱処理の品質管理

引張試験

　引張試験は、物性確認の基本になる評価試験として一般的に実施されています。図2-40に引張試験装置と試験片の例を示します。

　試験の結果例を図2-41に示します。この図は縦軸に応力（荷重）を、横軸にひずみ（伸び）をとったものです。鉄鋼材料は、応力（荷重）をかけていくと徐々にひずみ（伸び）が増していきます。応力とひずみは、最初は比例（直線）の関係にありますが、ある応力で弾性限という点に達します。そこを過ぎて少し経つと突然にひずみが低下し、さらに継続して応力をかけていくと、またゆっくりひずみが大きくなっていき、最大ピークを過ぎて破断に至ります。

　初期の弾性限内で除荷すると試験片は元の形に戻りますが、弾性限を超えると除荷後にはひずみが残ります。

　図2-41の応力－ひずみ線図では、応力の増加とともに試験片の断面積が減少していきますが、元の断面積で応力の値を除してkg/mm^2の単位で表した図を「公称応力－公称ひずみ線図」と呼びます。一方、減少していく断面積で応力の値を除した場合の図を「真応力－真ひずみ線図」と呼びます（図2-42）。

　応力－ひずみ線図は材料によって形が変わります。その事例を図2-43に示

| 図 2-40 | 引張試験装置と試験片の事例 | 図 2-41 | 応力－ひずみ線図 |

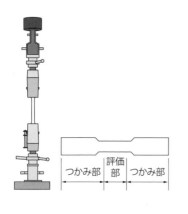
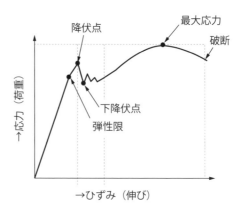

します。Ⓐは鋳物などのように非常に脆い材料のパターンで、弾性限を過ぎた後に塑性領域が少なく早い段階で破断に至ります。Ⓑは上降伏点と下降伏点が現れて、最大荷重を過ぎて破断に至るという鉄鋼材料の典型的なパターンです。Ⓒはアルミニウムや銅など明確な降伏点が現れないまま、だらだらと伸びてやがて破断に至る材料です。

図 2-42　公称応力－公称ひずみ線図と真応力－真ひずみ線図

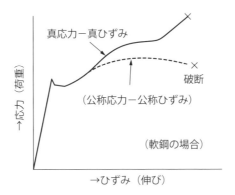

図 2-43　材料の違いによる応力－ひずみ線図の違い

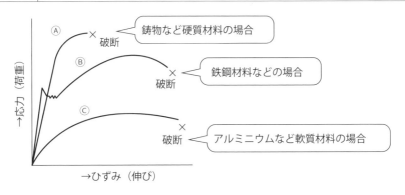

> **要点 ノート**
> 引張強さは、最初に材料を確認する際にもっとも基本となる物性です。引張強さと伸びの関係は、材料によって個々異なった形を示します。

❰2❱ 熱処理の品質管理

疲労試験

　材料は、降伏強さより小さい荷重では壊れないと捉えられています。しかし現実には、降伏強さより小さい荷重でも壊れます。その現象の1つが疲労破壊です。疲労破壊とは、降伏強さ以下の荷重（負荷）を繰り返し加えられることにより破壊する現象のことです。図2-44に疲労試験機と試験片セットの様子を示します。この試験機は、試験片の1箇所に繰り返し荷重がかかるよう設計されています。

　図2-45に繰り返し荷重による負荷の波形を示します。負荷の大きさを応力振幅σ_aで、振れ幅の中央の位置を平均応力σ_mで表しています。

　試験片が静止状態でどのような負荷状態σ_mであったか、そして、この状態でどの程度の繰り返し負荷σ_aがかかっていたかを示しています。実際に使われる状況に極力近づけたシミュレーション設定です。しかし、実際の構造物などは多くの場合、複合荷重を受けます。例えば、自動車のクランクシャフトは、曲げ荷重と回転の抵抗力によるねじり負荷を受けます。疲労試験はいろいろな設定で行い、それぞれの数値を解析することで設計の根拠を示すことになります。

　図2-46に繰り返し負荷（応力振幅σ_a）と繰り返し数（N）との関係を示します。これを「S-N線図」と呼びます。縦軸が応力振幅、横軸が繰り返し数です。鉄鋼材料の場合、10の7乗の繰り返しでも壊れなかった場合、その時の負荷を疲労強さ（疲労限）と呼びます。ただし、非鉄金属では明確な限界が出ないので、疲労限といういい方はしません。

図2-44　疲労試験機と試験片のセット

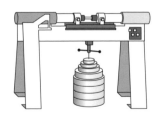
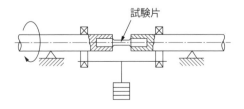

鉄鋼材料の場合、疲労強さは引張強さと比例関係にあります。例えば、調質合金鋼の回転曲げ疲労強さは、引張強さのほぼ2分の1です。

図 2-45 | 繰り返し荷重の負荷の波形

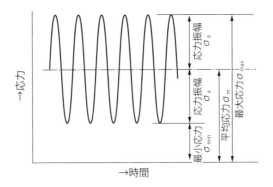

出典：「金属材料疲労設計便覧」日本材料学会編、養賢堂、1978年

図 2-46 | S-N線図

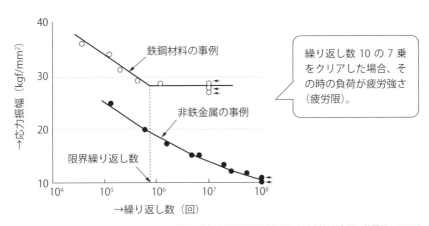

繰り返し数 10 の 7 乗をクリアした場合、その時の負荷が疲労強さ（疲労限）。

出典：「金属材料疲労設計便覧」日本材料学会編、養賢堂、1978年

> **要点 ノート**
> 疲労強さは、機械構造用鋼などにおいて重要な物性であり、材料の信頼性を得るために、いろいろな条件で数多くの試験が実施されています。

2 熱処理の品質管理

衝撃試験

　衝撃性能は、硬さと相反する特性です。硬くて強い材質は、脆くなるため衝撃に耐えることができず使えないといったことになります。焼入れをして硬く強くなったものは、そのままでは脆くて使えず、焼戻しで粘さを得る必要が出ることになります。

　衝撃性能を表す衝撃値を測定する方法として衝撃試験があります。代表的なものにシャルピー衝撃試験機があり、吸収エネルギー値（衝撃で壊れる際に要したエネルギー量）で評価します。図2-47にシャルピー衝撃試験の試験機と試験片のセット方法を示します。

　鉄鋼材料には、「脆性遷移現象」と呼ばれる低温域で衝撃性能が断層的に変化する現象があります。これを「低温脆性」と呼びます。例えば、外部構造物のタンクなどでは、マイナス雰囲気の極冷間時に脆性割れを起こす危険性があります。

　このように機械構造用に用いられる材料の衝撃性能は、十分に見極める必要があります。

　衝撃試験の判定要領は、試験で得られた試験片の破面観察から対象となる全面積に対する脆性破面の割合を読み取り、その脆性破面率から評価します。図2-48にシャルピー衝撃試験片の破面観察要領を示します。

図2-47｜シャルピー衝撃試験機と試験片のセット（JIS Z 2242）

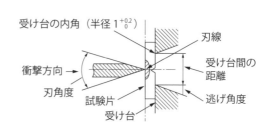

衝撃性能は**図2-49**に示す図から評価します。左縦軸は脆性のレベルを吸収エネルギーで示し、右縦軸は脆性破面率を示しています。横軸は試験温度です。低温度域で大きく脆性が変化する現象が現れ、これが脆性遷移現象で注意を要する温度域です。

図 2-48 　シャルピー衝撃試験片の破面観察（JIS Z 2242）

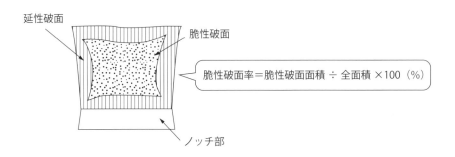

図 2-49 　シャルピー衝撃試験の結果（JIS Z 2242）

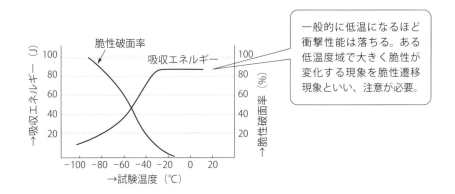

> **要点　ノート**
> 衝撃性能の数値評価はかなり面倒ですが、熱処理を施す部品などの実際の部品を用いた実体衝撃試験と規格に定められた試験片により判断するのが一般的です。

2 熱処理の品質管理

耐食性試験・耐候性試験

　耐食性試験や耐候性試験は、めっきや塗装を含む表面処理技術の領域で規定されたものがあり、熱処理の場合もそれで評価されています。

　鉄鋼材料の耐食性に関しては、耐食性の優れたステンレス鋼の性能が評価されています。クロム（Cr）を10％以上含むステンレス鋼は、表面に強い保護被膜であるクロム水酸化合物を生成するため、抜群の耐食性を示すことが大気暴露試験の結果として報告されています。

　環境負荷試験は、大気暴露試験をはじめ、海岸地方の塩害腐食環境を想定した塩水噴霧試験やキャス試験といった濃縮試験が、試験時間を短縮する方法として採用されています。一方、橋梁や建築材料の耐候性試験やステンレス鋼製鉄道車両の耐食性を評価する際には、試験片もしくは実機サンプルを使用した大気暴露試験が行われています。ステンレス鋼は、腐食性能試験結果に基づいて使い分けが推奨されています。

　オーステナイト系、フェライト系、マルテンサイト系の3者のステンレス鋼を比べると、耐候性はオーステナイト系がもっとも優れており、強さは熱処理もできるマルテンサイト系がもっとも優れています。フェライト系は3者の中で強さは一番弱く、耐候性もオーステナイト系ほど優れていません。適材適所で使い分けられています。

> **要点 ノート**
>
> 鉄鋼材料は、機械構造用材料をはじめとして強さや硬さ、粘さ、衝撃性能を期待されていますが、ステンレス鋼以外の鉄鋼材料そのものは耐食性を持っていません。表面処理などで補い、さまざまな用途に適用されているのが実態です。

【 第3章 】

きちんとした準備・段取りが不具合を防ぐ

1 熱処理の不具合

どんな不具合があるのか？

　適切に熱処理が実施されなかった場合には、いろいろな不具合が出ます。不具合としては、硬さ不足、ひずみ、寸法変化、割れなどがありますが、不具合の原因をしっかりと把握することで、未然に防ぐことができます。
　ここでは要因図に従って不具合の原因を洗い出していきます（図3-1）。具体的な要因としては、次のような項目が考えられます。

- 指定通りの材料か？／設計形状に肉厚急変部などの不適切な箇所はないか？／事前の洗浄は十分に行ったか？
- 設備上の問題はないか？／炉内温度の均一性は保たれていたか？／炉自体の機能に問題はないか？
- 熱処理条件は問題ないか？／加熱温度は適切だったか？／冷却速度は適切だったか？／水や油もしくは空気などの冷却媒体は適切だったか？／冷却媒体の量は適切だったか？／冷却媒体の攪拌は適切だったか？
- 作業要領は問題ないか？

　これらを検証することで、不具合を回避できます。
　1つひとつの基礎的な要因からノウハウ的なレベルの要因まで、幅広く検証していきます。手のひらサイズの部品と、一辺が数メートルにもなるような大きな部品ではおのずと状況が違います。また、大量生産品は事前に試験的に確認することも可能ですが、単品の大物部品は「試しに熱処理を行ってみる」ということは現実には困難です。基本的な内容を十分把握したうえで、それぞれの現物にあわせたノウハウを積み重ねていくことが大切です。
　熱処理で不具合が出る基本的な原因は、加熱と冷却にあります。不具合を回避するには、「どのような条件で加熱、冷却すれば良いか」、先人が脈々と経験を積み、研究を重ね、明確にしてきた理論があります。その理論を踏まえて実践することが最初の一歩です。
　熱処理の対象には多種多様な材料があり、材料ごとに熱処理の最適条件があります。また、大きさや厚さもさまざまで、複雑な形状もあります。そのため

熱処理をする設備からも影響を受けます。

　うまく熱処理をする秘訣は、対象部位全体をできるだけ均一な温度状態で変化させていくことです。例えば、変態点以上に加熱して冷却させる場合、対象部位全体をどうやって均一な温度に近づけるかが重要です。厚肉部と薄肉部、表層部と内部では熱の伝わりに時間差が出るため、変態点を通過する際の原子間の膨張差の影響や、添加元素の溶け込み具合の違いによる不均一が発生します。これらの影響をできるだけ小さく抑えることが求められます。

　それでも、熱処理で不具合が出てしまった場合には、再発防止のために「何が悪かったのか」を必ず明確にしなければなりません。誰が見ても明らかな場合は、それほど苦労しなくても改善できるでしょう。一番まずいのは、いい加減に手を打って「とりあえずうまくいったからそれでOK」と判断してしまうことです。そういう対応では必ず不具合が再発します。「なぜだろう」と少しでも疑問に感じた時には、真の原因がわかるまできちんと追究します。よくわからなければ、手順に従って原因を絞り込んでいきます。また、不具合発生の傾向をつかむことも良い方法です。

　熱処理は、見た目だけでは良・不良がわかりません。物をごまかしても良くないし、物にごまかされてもまずいのです。

図 3-1 ｜ 熱処理不具合の特性要因図の例

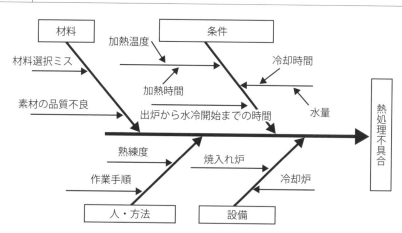

要点　ノート

熱処理の不具合の基本的な原因は加熱と冷却にあります。作業現場での不具合発生は、混乱してあわてることもあるでしょうが、真の原因をしっかりつかむ習慣が必要です。

1 熱処理の不具合

ひずみ

「ひずみ取り」という言葉がありますが、そこには後始末的なニュアンスがあります。実務的には、熱処理をする際できるだけひずみが出ないようにすることが大前提になります。例えば、棒状長尺の部品であれば、熱処理炉内で縦吊りにセットすることでひずみを抑制できる、といった対処法があります。

しかし、できるだけの手立てを講じてもひずみが出てしまうことはあります。そのため、現実的には多くの製品でひずみ取りを行っています。やむを得ない作業ではありますが、ひずみ取りを最適な方法で行うことが技術であり、ノウハウになります。

ひずみ取りは、できるだけ早い段階で行うことが重要です。冷却が完了し、金属内の原子構造が落着いてしまった状態では難しくなります。例えば、焼入れの際には、その後に60℃程度まで冷却した状態で行うのが効果的です。常温レベルまで冷えきった状態では残留応力が残るため、後々ひずみ発生の原因になります。ひずみの原因として考えられるのは、①素材自体が持っている残留応力、②変態応力、③熱応力、④自重などの影響があります。

❶素材自体が持っている残留応力

熱処理前の素材には、鋳造残留応力、鍛造残留応力、冷間加工残留応力、切削加工時の残留応力などがあり、ひずみの原因となります。変態点より低い温度で加熱することで残留応力が解放されて、ひずみや寸法変化を防ぐことができます。

❷変態応力

焼入れ温度から冷却する時の金属組織が、オーステナイト（面心立方格子）⇒マルテンサイト（体心正方格子）に変わることで、体積が膨張して内部応力を発生します。これが変態応力です。

❸熱応力

部品の厚さや形状によって、加熱や冷却の過程で部位に温度差が生じます。大きい部品では表面は早く熱くなりますが、内部は遅れて熱くなります。また、鋭角な形状部や段付き部でも温度差が出ます。不均一な温度分布になり、膨張・収縮挙動によって内部応力が発生します。これが熱応力です。

❹自重

大物部品や長尺部品の場合、加熱により端部などが変形する熱ダレが生じてひずみや寸法変化の原因になります。

事例　熱応力とひずみ

鉄鋼材料を熱処理すると、曲りやソリといった変形、縮みなどの寸法変化が起こります。材料が加熱することで膨張し、冷却することで収縮するために起こる当然の現象ですが、熱膨張だけを考えても意外と大きくなります。

熱ひずみεとすると、$\varepsilon = a(T_2 - T_1)$の式で求められます。

鉄の線膨張係数を$a(\times 10^{-6}/℃) = 11.7 \times 10^{-6}/℃$とし、常温$T_1 = 20℃$、高温$T_2 = 820℃$と仮定すると、熱ひずみは、

$$\varepsilon = 11.7 \times 10^{-6} \times (820 - 20) = 9360 \times 10^{-6}$$

となり、全長1000 mmの部品は820℃の状態で、

$$1000 \times 9360 \times 10^{-6} = 9.36$$

と、約10 mm伸びることになります。

高温時に10 mm伸びている材料を、なんら拘束することなく均一に常温まで冷却すれば、元の長さに戻るはずです。一方、曲り抑制などのために拘束すると、内部応力が発生します。この場合、拘束されたまま常温まで冷却すると、1010 mmの伸びた状態のままになるため、内部に引張応力が残ります（図3-2）。内部応力は$\sigma = E\varepsilon$（E：鉄のヤング率）の式で求めることができ、その値は$\sigma = 21000(kgf/mm^2) \times 10/1000(mm/mm) = 210(kgf/mm^2)$になります。

図3-2　熱応力発生の模式図

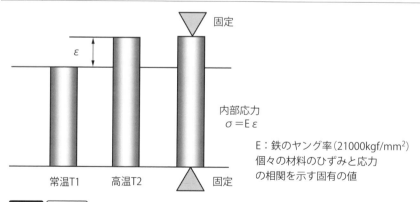

E：鉄のヤング率（21000kgf/mm^2）
個々の材料のひずみと応力の相関を示す固有の値

要点　ノート

熱処理によって伸び縮みして内部応力が発生し、ひずみとして現れます。部品が強制的に拘束された場合にも、内部応力が発生します。

1 熱処理の不具合

曲り

　熱処理における不具合はいろいろあります。十分に配慮したにもかかわらず、予想外のことが起きるものです。失敗から学ぶことも大切であり、失敗を繰り返しながらも、その都度知恵を出し、工夫を凝らし、事例を蓄積していくことが大きな財産になります。そして、それが熱処理作業の際の準備・段取りのノウハウにつながります。

　ここからは、いくつか事例を紹介しながら、不具合とその対処法を見ていきます。

事例　クランクシャフトの曲り

　一体型多気筒クランクシャフトという部品に浸炭を施した事例です。

　最初は一般的に浸炭を適用しました。浸炭温度が高いため、曲りが発生することは予想できました。結果、実際に曲りが出ましたが、予想外だったのは曲り取りがまったく不可能だったことです。浸炭時の炉の中の置き方や治具を工夫して、できるだけ曲りを抑制したのですが、そのわずかな曲り取りができなかったのです。

　曲り取り（ひずみ矯正）の原理を**図3-3**に示します。塑性変形域まで矯正荷重をかけることで、残留ひずみを少なくさせるものです。

　浸炭を施した部品のように、弾性変形域が大半で塑性変形域が少ない材質の曲り取りは難しく、矯正荷重でクラックが発生して、最終的には折れてしまいました。

　弾性変形域を超えたところで、さらに荷重Ⓑを加えて塑性変形Ⓐさせることで曲がりをなくすのですが、硬い材料ほど塑性変形域が小さく、デリケートな操作が必要なため、曲り取りはできませんでした。

　そのため、曲り取りで対応するのではなく、クランクシャフトのウエイト間に捨てボスを仮溶接してから浸炭し、その後、捨てボスを除去して仕上げるという手の込んだ方法で対処しました。ただし、これは特殊な事例で、大量生産には適応できません。

　鉄板などの熱処理後の曲りについては、一般的な理論や経験則があります。早く冷却した側が最初は縮みますが、反対面は遅れて冷却されるため結果的に

早く冷却された面が伸びる現象が起きます。一般的な原因としては、加工時に生じた残留応力の解放、素材形状からくる内外温度差、焼入れに際して起きるオーステナイト組織からマルテンサイト組織への変態の影響が考えられます。これらに対しては、加工時の残留応力除去のための応力除去焼なましの実施や、表裏面の均等冷却などの工夫が必要です。

図3-3 曲り取り矯正の理論

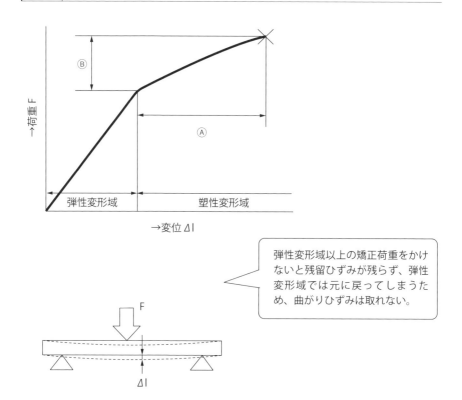

弾性変形域以上の矯正荷重をかけないと残留ひずみが残らず、弾性変形域では元に戻ってしまうため、曲がりひずみは取れない。

要点 ノート
熱処理の曲り現象に関する定性的な理論は理解できても、現場における定量評価と対応方法は相当難しいものがあります。特に大物部品になるほど、工夫が求められます。

1　熱処理の不具合

割れ

　焼入れで、オーステナイト組織からマルテンサイト組織に変態する際に急激な膨張変化が発生すると応力が発生します。その応力が材料の強さを超えることで焼割れを起こします。**図3-4**に金型材に発生した焼割れの事例を示します。

　焼割れは、鋭角部、段付き部、隅R部など、形状的に応力が集中しやすい部位に発生します。焼割れを発生させないようにするには、焼入れの冷却時にマルテンサイト変態開始温度付近から焼入れの危険温度域まで、ゆっくり冷却することです。

　焼割れの現象の1つに、「遅れ破壊（置き割れ）」があります。焼入れでマルテンサイト組織に変態しなかった残留オーステナイトが、その後、遅れてマルテンサイト変態することで体積膨張を起こし、割れが発生します。寒い時期など、焼入れ後に速やかに焼戻しをしないで放っておくと、そのような現象が起こります。550℃付近までは冷却速度を速くして、完全マルテンサイト化を狙います。焼入れをしたままの状態で放置しておくと不安定なので、できるだけ早く焼戻しを行います。または、0℃以下の温度まで下げて強制的に残留オーステナイトをマルテンサイト化させる「サブゼロ処理」もあります。

　焼割れを防ぐための対策としては、マルテンサイト変態が起こる250℃付近からゆっくり冷却することです。室温に下がる前（例えば60℃より前）に焼戻しを行うなど、冷却速度を可能な範囲で下げることが重要です。

　焼割れは、発生する頻度が多い熱処理の不具合事例の1つです。理論的には、内部ひずみや寸法変化の原因と同じですが、発生する状況はさまざまです。「何が問題だったのか」を具体的に特定し、それを未然にどのように抑えるかが技術であり、技能です。1つひとつ要因を洗い出し、確認していく作業が必要となります（**図3-5**）。

第3章 きちんとした準備・段取りが不具合を防ぐ

図 3-4 | 焼割れ事例

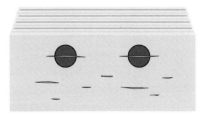

材料：炭素工具鋼
熱処理条件：925℃／油冷

焼割れとして、内部の丸穴加工部のエッジから表面全体にわたって無数の微細クラックが発生している。

図 3-5 | 焼割れの特性要因図の例

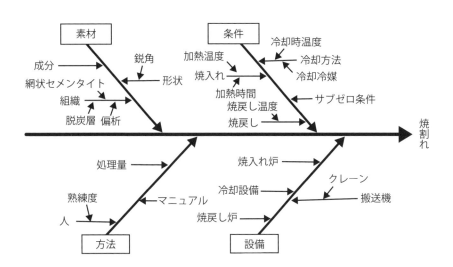

要点 ノート
熱処理後の割れを未然に防ぐには、熱処理の作業状態を理論にあわせて確認することが大切です。

1 熱処理の不具合

焼むら

　焼むらとは、焼きの入ったところと入っていないところが混在する品質状態のことです。硬さの出ていない部位がところどころにある状態で、冷却が不均一、冷却媒体がなんらかの理由で十分に行き渡らなかったなどが原因と考えられます。

　冷却方法は水冷、油冷、空冷がありますが、なかでも冷却速度が遅い油冷の場合、部品と冷却媒体との間で、蒸気膜段階、沸騰段階、対流段階と冷却状態が変わってきます。そのため冷却媒体をよく撹拌させる必要があります。また、空冷では、冷却時に十分に冷風が部品に届かないといった不手際が、焼むらを起こす一番の原因と考えられます。

　加熱の際においても、火炎焼入れのような元々均一性の乏しい加熱方法では、熟練作業が求められます。

事例　鋼管の高周波焼入れの焼むら

　鋼管の加工工程で、インライン化された高周波焼入れによる熱処理を行った際に焼むらが出た事例です。自動化ラインの送り装置である治具との接触時に、表面に焼むらが生じました（図3-6、3-7）。同じ加工工程であっても、治具の接触圧の違いや鋼管と治具の隙間の大小、冷却水の当たり方の違いが不具合につながります。高周波焼入れ装置自体の冷却ノズルの向きや噴射水量が不適切であっても、焼むらが生じます。

　焼入れ焼戻しのような全体処理と、高周波焼入れのような部分処理では事象発生の状態が異なりますが、不具合症状が出るメカニズムは同じです。なんらかの部分が正常な状態から逸脱しているために起きます。この場合は、ライン内に取り込まれた高周波焼入れ装置の設定に原因がありました。量産工程でデリケートな条件設定が求められ、結果的には良品の歩留まり向上で切り抜けましたが、完全解決はかなり難しい状況でした。

　焼むらが出ると考えられる原因はいくつかあります。1つは、焼きが入るべきオーステナイト領域まで温度が上がっていない部分があること。2つは、全体的に急冷状態が得られていなくて、局部的にゆっくり冷却した場合。3つは、焼きは入ったものの、部分的に焼戻し状態が生じたことなどです。特に、

治具との接触状況や焼入れ焼戻し条件の微妙な調整が求められるインラインの焼入れ工程においては、完璧に焼むらをなくすことはかなり難しいため、現場におけるトライアンドエラーやそこから得られるノウハウが重要になります。

図 3-6 焼むらが生じた表面状態

良品

送りローラとの接触時の圧痕は、程度の低いものは仕上げでスケール除去を実施。

送りローラとの接触部にただれ状の圧痕が発生。送り時間の不適切、もしくはローラとの隙間調整の不適切が原因。

図 3-7 高周波焼入れによる焼むらの例

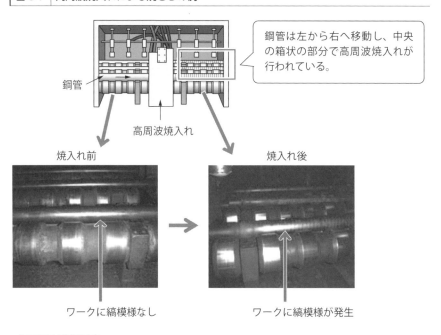

鋼管は左から右へ移動し、中央の箱状の部分で高周波焼入れが行われている。

鋼管

高周波焼入れ

焼入れ前　　　　　　焼入れ後

ワークに縞模様なし　　ワークに縞模様が発生

要点 ノート

焼むらとは、均一に加熱、冷却ができない状態によって不均一な性状になってしまうことです。熱処理条件の他、適正な治具設定なども求められます。

1 熱処理の不具合

焼戻し脆性

　焼戻しは、焼入れで硬くなった状態から変態点以下の温度で再加熱することで粘さを確保する作業ですが、ある温度域で逆に脆くなる現象が起きます。これを焼戻し脆性といい、この温度域における焼戻しは避けなければなりません。代表的なものに「低温焼戻し脆性」と「高温焼戻し脆性」があります。

❶低温焼戻し脆性

　300℃付近で焼戻しを行うと、どんな鉄鋼材料にも焼戻し脆性は現れます。リン（P）、アンチモン（Sb）などの元素の影響と考えられています。対応としては、そういった温度付近を外して焼戻しを行うことです。図3-8に各種炭素鋼の焼戻し温度と衝撃値の関係を示します。

図 3-8　炭素鋼の焼戻し温度と衝撃値の関係

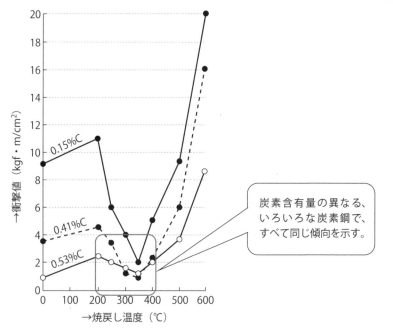

炭素含有量の異なる、いろいろな炭素鋼で、すべて同じ傾向を示す。

出典：「熱処理の基礎Ⅰ」日本熱処理技術協会編、日刊工業新聞社、1971年

❷高温焼戻し脆性

500〜650℃の温度範囲で焼戻しをした、オーステナイト系ステンレス鋼であるニッケル−クロム（Ni-Cr）鋼で現れますが、Pなどの不純物元素の偏析が原因と考えられています。モリブデン（Mo）、タングステン（W）の添加や、急冷することで防ぐことができます。

図3-9にNi-Cr鋼を焼戻した時の衝撃試験の結果を示します。550℃あたりで焼戻しをした場合に、衝撃値が低くなっています。これは、炉中冷却から水中冷却に変えて急冷することで改善されます。また、Moを添加することで脆性を防ぐことができます。

図 3-9　ニッケル―クロム鋼の焼戻し温度と衝撃値の関係

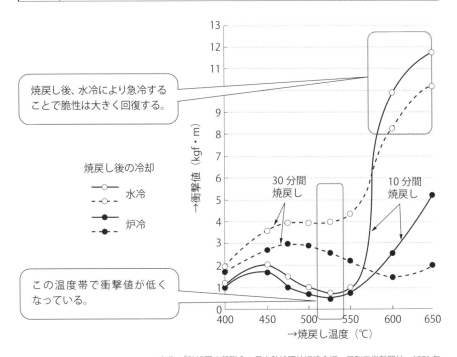

出典：「熱処理の基礎Ⅰ」日本熱処理技術協会編、日刊工業新聞社、1971年

> **要点｜ノート**
> 鉄鋼材料の焼戻しを行うと、特定の温度域で脆くなる症状が現れます。含有する元素の偏析などが原因ですが、そういった温度域を避ける必要があります。

1 熱処理の不具合

水素脆性割れ

　水素脆性割れは、めっきや表面処理時の酸洗いなどによって水素原子が結晶粒界に入り込むことで、粒界結合力が弱まり粒界破壊を生じる現象です。特に、高硬度の材料で起きます。製造後に起きる遅れ破壊（置き割れ）の1つです。

　置き割れは、焼入れ後の残留オーステナイトが、後になって徐々にマルテンサイト変態する際の体積膨張で起きますが、水素脆性割れのメカニズムは異なります。水素原子が結晶粒界に拡散して分子化し、周辺を膨らまして結晶粒界の粒界結合力を減少させ、その結果として割れに至るものです。

　水素脆性は、水素が粒界に接触する機会をなくすことで少なくなります。水素と接触する機会としては、めっき工程や酸洗い工程などが考えられますが、これらの工程は必要に応じて行われているため、なくすことはできません。そのため、水素を使った処理が終わったら、速やかに水素のない環境下にすることが求められます。

　水素脆性割れを防ぐ方法として、めっき後に約200℃で4時間程度の加熱処理する「ベーキング処理」があります（**図3-10**）。粒界に集まる水素原子を吹き飛ばすことで、脱水素処理を行うものです。

　ただ、水素脆性割れは、起こしやすい材料とそうでない材料があります。ある程度硬い材料に多く見られる現象で、ロックェル硬さHRC40以上の場合です。

事例 ばね性部品の水素脆性割れ

　クリップ状のばね性部品で発生した水素脆性割れ事例です。

　この時の指示図面には、ベーキング処理の指示が明記されていましたが、確実に実施されたかがわからないまま納入されました。翌日になって、保管箱の中でいくつもの部品が破損しているが見つかりました。いずれの破断面も明らかな脆性破面で、果実のザクロをぱっくり割ったような粒界破面を呈していました。結果として、ベーキング処理が施されていないことがわかりました。

　ベーキング処理は、電気炉で4時間程度加熱するだけの簡単な作業ですが、目視だけでは処理を施したかどうかは識別できません。悪意はなくて忘れてし

まっただけかもしれませんが、そういう凡ミスが大きな問題につながります。熱処理は、いずれも外見では判断つかない作業が多く、信用をなくさないためにも、現場でのミスをなくすための管理の徹底が大切です。

図 3-10 ベーキング処理の処理パターン図

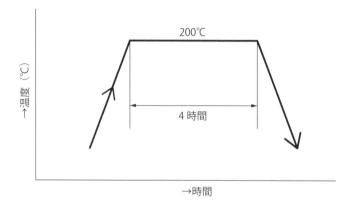

要点 ノート

熱処理の作業内容は外見では判断がつきづらいものです。技術的な対応はもちろん、管理の徹底が不可欠です。

ミニコラム　● 基礎と実学 ●

　どんな世界にも基礎と応用の2つの領域があって、その双方が関連しあって進歩していくものです。熱処理について考えてみると、基礎的な理論をいかに現場で適応させるかが現場の応用力になります。

　時代はどんどん変わってきています。設計のデジタル化が進み、3Dプリンタなどの出現で、試作の世界では金型レスで試作品を作れるようになり、試作金型が減る傾向にあります。さらに、図面からそのまま部品を製作することも可能になってきています。図面と完成品の2つしかない夢のような時代が近づいているといえるでしょう。

　このような状況を熱処理に当てはめてみると、理論をいかに効率的に部品の熱処理品質に反映させていくことができるのかが求められます。現在の熱処理現場は、現場的努力（現場のきめ細やかな準備や段取り、創意や工夫など）で品質を確保している面があることは否定できません。熱処理現場にも、試作の世界で起こっているような時代が来るのでしょうか？

1 熱処理の不具合

高周波焼入れのひずみ

事例 炭素鋼鋼管の高周波焼入れのひずみ

　太さφ30mm×長さ1.5mの炭素鋼鋼管を、強度アップの目的で外周面を高周波焼入れします。高周波コイルを使用して920℃に加熱し、上下金型で熱間プレス成型し、金型内の水通路から管表面へ向けて冷却水を噴射します。その後、ある温度まで冷却した段階で金型を開き、鋼管を取り出します（**図3-11、3-12**）。

　ひずみは、水を噴射して冷却した後、金型を開いた際にスプリングバック力によって発生しました（**図3-13**）。想定される原因としては、型締めから型開きまでの加圧時間、水冷方法と冷却条件が不適切だったことが考えられます。金型を開くタイミングを遅くすると、ひずみ量の低減化は図れるものの焼入れ硬さ品質に難が出ます。また、冷却のために金型内に設けた水通路の設計には高度なものが求められ、冷却の際の水量や水圧など条件設定にも高い精度が要求されます。

図 3-11 　炭素鋼鋼管の高周波焼入れの処理パターン図

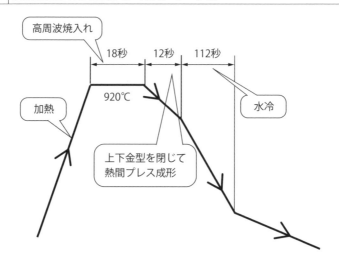

さらに大量生産では、効率を上げるために金型は数個取りとなります。そうなると、金型内の冷却水通路は3次元の複雑設計になり、鋼管の1つひとつが最良の冷却状態になるように、水通路出口に水圧計を設置して吐出量を管理するとともに、個々の噴射口の放水方向も試行錯誤を繰り返しながら決めていかなければなりません。こうした工夫や調整を行っているのが現場の実態であり、教科書通りの高周波焼入れのパターンで加熱、冷却の手順を決めても現実的にはなかなかうまくいきません。生産管理面からは矯正品をできるだけ少なくし歩留まりをあげるという対応が現実には重視されることになります。

図 3-12 | 炭素鋼鋼管の加工工程

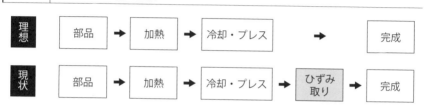

図 3-13 | ひずみ発生状況

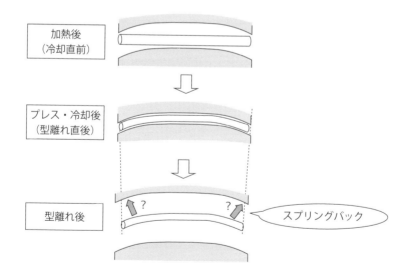

要点 ノート

ひずみ取りの理論はわかっていても、現場的には個々の部品や熱処理方法、設備などさまざまな状況にあわせた準備・段取りが必要となります。

1 熱処理の不具合

熱処理工程前後に注意すべき項目

❶異材混入

　管理が不適切な素材置き場では、材料を取り違える恐れが出てきます。

　例えば、識別シールが外れてしまった鉄鋼材料は、外見からだけでは判別がつきません。落ち着いて対応できる状況であれば、冷静な対応も可能ですが、納期に追われていて材料を分析する時間がないケースも考えられます。そんな場合に現場で簡便に即応できるのは、「火花試験」くらいです。正確さを求めると厳しい面もありますが、日頃から扱っている鋼種がある程度の範囲に絞られるのであれば、かなりの確率で正しい判別をすることができるでしょう。

　熱処理現場は、3K的な職場環境であるうえに、デリケートな作業が求められます。理論の上に成り立っている技術的背景があり、さらにその上に積み重ねられた作業要領の裏付けなどのノウハウがあって成り立ちます。知識と技術と技能の合わせ技です。技術的なポイントや、作業上の制御許容範囲をきちんと守ることで製品を保証できるのです。

　管理要領を明確化することで、基本がルール化されます。マニュアルや帳票が現場に整備され、人材育成も実務ベースにまで落とし込まれることで、ミスを減らすことができます。

　異材混入は、すぐには不具合が顕在化しないかもしれませんが、後々になって大きなトラブルになるリスクを抱えた問題です。対応自体は、決して大変なことではありません。意識づけ教育や品質管理の初歩的な課題であり、すぐにでも改善可能です。

　異材混入に類する初歩的な人為ミスは他にもあります。量産型の生産では不良品流出による損害も多くなります。もちろん少量生産でも、部品が大きかったりするとリカバリーが大変な事態に発展する場合もあります。最終的には企業としての信用問題につながります。ちょっとしたミスも発生させない、もしくは、もし発生したとしてもいち早くストップさせるシステムや体制が不可欠です。

❷研磨割れ（研削割れ）

　焼入れ焼戻し、浸炭などの熱処理後の研磨加工（研削加工）で、表面に割れ

やひび割れを生じることがあります（図3-14）。これが研磨割れで、研磨方向に対し直角方向の割れが発生します。表面層部分が研磨でそぎ落とされることで、内部とバランスが保たれていた表面層の残留応力のバランスが崩れて、材料の強さを超える引張応力状態になり、表面層に割れが生じると考えられます。対応策としては、研磨速度を落として発熱を抑えるなど、研磨作業の改善が第一です。

また、研磨後の症状として、凝集損傷様相や微細クラックが亀の甲状に出る場合があります。原因は、焼戻しの温度以上に研磨熱が発生し過熱状態となったことで、それが表面にダメージを与えたと考えられます。対応策は、研磨の作業要領を見直して、異常な発熱を抑える工夫が求められます。

多くの場合、研磨工程は製造の最終工程となります。そのため研磨割れの程度がひどい場合には修正ができず、一から作り直しという多大なロスを生じることにもなります。熱処理自体に問題がない場合は、研磨工程での条件見直しと作業要領の改善で再発防止を図らなければなりません。

図 3-14 | 研削割れの状況

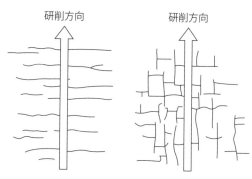

(a) 100℃位まで温度が上がった場合（第一種研削割れ）
(b) 300℃位まで温度が上がった場合（第二種研削割れ）

出典：「熱処理108つのポイント」大和久重雄著、大河出版、1986年

要点 ノート
熱処理に関する一連の工程において、品質管理は非常に大切です。些細なことでも、すべて情報をしっかり把握して記録することで再発防止につなげましょう。

1 熱処理の不具合

熱処理のトラブルシューティングリスト

　筆者がこれまで経験した代表的な熱処理の不具合と対策などを一覧でまとめました。

❶熱処理割れ
事象：工具鋼の焼入れ焼戻し後に、染色探傷試験で発見。
推定原因：焼入れ条件が不適切。
対策：現物は廃棄して、焼入れ温度の見直しで再処理。
再発防止：作業指示書に記録。
解説：大物部品であり、加熱温度の上げ過ぎと推定される。対策として焼入れ温度を少し下げたが、もう一段の品質安定化を考えると段階的な徐熱もしくは予熱がベストであったと思われる。

❷熱処理変形
事象：高炭素鋼の焼入れ焼戻し後に、形状測定で変形を発見。
推定原因：焼入れ時の部品（長尺物）セット方法が不適切。大物長尺物は保有している設備上の制限があるため、縦吊りでのセットができなかった。
対策：プレスによる矯正で再焼戻し。加えて、焼戻し時に治具固定で極力変形防止を図る。
再発防止：作業指示書に記録。
解説：熱処理後のひずみ、曲りは、焼入れ時の300℃付近の危険領域に注意が必要であり、徐冷を行うこと。さらには、自重の影響を十分に考慮する必要がある。

❸熱処理むら
事象：高炭素鋼鋼管の高周波焼入れで表面に焼むらを発見。
推定原因：連続コンベア方式での焼入れラインで、治具との接触部に冷却水が十分当たらないため焼入れが不十分状態になる。
対策：コンベアのライン速度を調整。
再発防止：作業指示書に記録。
解説：ライン速度を調整するも、生産性との関係があり完全条件は見出しにくい。不良ゼロは達成が困難と判断し、歩留まり向上を狙って生産。

❹浸炭硬さ不足

事象：SNCM肌焼鋼ギアの表面硬さ不足。

推定原因：残留オーステナイトが過多。添加元素のニッケル（Ni）は、浸炭が入りにくい元素でありSCM鋼と同じ処理では表面硬さが出にくい。残留オーステナイトも多く出てしまう。

再発防止：鋼種にあわせた熱処理条件を作業指示書に記録。

解説：一般論に沿った現象が発生。種類の似た鉄鋼材料を同時に浸炭したところ、予想通りNiが添加された肌焼鋼は浸炭深さが低く仕上がった。操業上の都合もあったが鉄鋼材料ごとの最適条件で対応した。

❺高周波焼入れひずみ

事象：高炭素鋼鋼管の高周波焼入れで発生。

推定原因：高周波焼入れ直後の冷却方法が不適切。

対策：冷却方法を改善。

解説：長尺物で、素材は一部角度を持った成型品であり、前加工時の残留応力の影響が予想された。対応策として応力除去焼なましも考えられたが、現実的には冷却性能向上の工夫で切り抜けた。

❻水素脆性割れ

事象：ばね鋼製部品に納入翌日に遅れ破壊が発生。

推定原因：熱処理、めっき処理後にベーキング処理が未処理。

再発防止：図面に指示はあったため、処理メーカーを徹底指導。

解説：工程を飛ばしてしまったミスであるため、管理部門の教育指導を徹底。

❼ひずみ取り破損

事象：浸炭を施した部品のひずみ取り時（矯正時）に破損が発生。

推定原因：表面層の浸炭硬化層は塑性変形域がほとんどなく、ひずみ取りはムリであった。また、ひずみ防止の捨てボスを仮溶接し、熱処理後にボスを除去するという方法では対策できなかった。

再発防止：わずかな加熱雰囲気で塑性変形域が現れるため、その範囲内でひずみが取れる場合は可能と思われるが、加熱することで浸炭硬化層にマイナス影響が出る場合は、熱処理は不適切。

> **要点 ノート**
> 熱処理現場では品質保証は第一です。しかし、生産性、保有設備、納期など、現場・現実・現物の狭間にあって、現実的な対応も求められます。

2 現場で進める準備と段取り

熱処理工程

　熱処理の実作業において重要なことは、生産性と品質の確保の両立です。生産性とは、効率良く、ムダのない作業を行うことです。一方の品質の確保とは、求められる品質を確実に担保することです。作業上で不具合が出てはいけないし、不良品を出荷することはもちろん、出荷後になんらかの不具合が出ると予測される部品や製品を出荷することも許されません。熱処理を施した部品は、外見からは不良品であるとわかりづらいこともあって、不良品を発生、出荷しないための十分な準備と段取りが重要です。

　まず、熱処理の工程を見ていきましょう。

事例　事例

　ここでは、ミッションギアを取り上げます。一般的にこの部品の熱処理としては、歯面の耐摩耗性と歯元の疲れ強さを得るために浸炭が選ばれます。図3-15はミッションギアの製造工程です。

　主な工程のポイントは、次のようになります。

❶焼ならし工程

　加熱温度など、熱処理条件の適切な設定はもちろんのこと、部品の取り付けにも気をつけます。自動車用などの大きさのミッションギアの場合は、バスケットを使用して加熱炉内に積み込んでセットすることが多く、1つひとつの部品は間隔をあけて並べます。加熱や冷却ができるだけ均一になるように、詰めすぎたり重なりあったりしないように注意します。

❷浸炭工程

　ガス浸炭、液体浸炭（液浸）など、それぞれの方式には個々の特徴があります。設備やコストなどの要素を勘案して、どの方式を採用するかを決めます。

　ガス浸炭は、歯先と歯底で浸炭深さに差が出やすく、一方の液浸は、ガス浸炭と比べて浸炭深さの均一性が得られやすいので、歯底（歯元）に疲れ強さを大きく期待する場合は液体浸炭が向いています。ただし、シアン系の溶剤を使用する場合は、環境にも配慮が必要です。

　材料によっては、残留オーステナイト組織を低減させるために、浸炭後にサブゼロ処理を施します。

❸検査工程

この工程では、表面硬さ、硬化層深さ、表面のキズなどを目視で検査します。検査項目と評価基準は、設計仕様で定められた内容に基づいて決められます。

図 3-15 ミッションギアの製造工程

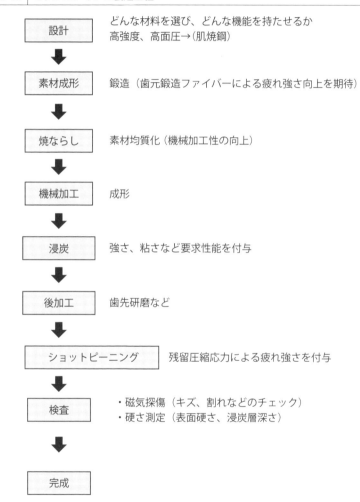

> **要点 ノート**
> 熱処理には、生産性と品質の確保が求められます。部品や製品に応じた製造工程があり、それぞれに適応した工程で構成されます。

❰2❱ 現場で進める準備と段取り

熱処理作業の設備の準備

　熱処理作業には、どのような設備や関連機器が必要か考えてみましょう。

　どのような熱処理が求められるかによって、炉や付属する関連機器が決まります。例えば、焼入れ焼戻しの場合は、焼入れのための加熱炉に加えて、冷却のための扇風機が必要な場合があります。また、油冷であれば油を入れた槽が必要となります。さらに、焼戻しのための加熱炉も必要です。その後の冷却のために、所定の場所に部品を運ぶ手段として台車やクレーンも用意しなければなりません。熱処理する部品を入れるためのパレットやバスケットなども、最初の段階から必要です。

　次に考えるのは作業安全です。作業者の身を危険な状況から守るため、それに適した服装、防護メガネ、ヘルメット、手袋、安全靴などを揃える必要があります。

　さらに品質確保の手段も必要です。検査装置として、硬さ試験機や金属顕微鏡、試験片を作成するための切断機や研磨機、顕微鏡を使用した検査のための薬品などです。

　そして、重要なことは作業手順書や作業を記録する書類などを揃えておくことです。

　図3-16〜3-20に各種の熱処理工程に必要な設備や関連機器、備品を整理しました。

　熱処理の内容に応じて、それぞれに見合った設備や関連機器、備品一式が必要となります。焼ならしは、鉄鋼材料メーカーで処理済の材料を供給する場合もありますが、加熱炉と空冷できる関連機器があれば自社でも十分行うことができます。

　焼なましは、4種類ほどの熱処理パターンがあって、加熱温度が異なる場合がありますが、準備する設備と関連機器は焼ならしとほぼ同じです。

　焼入れ焼戻しは、焼入れの冷却の方法が大きく異なります。空冷、油冷、水冷など、それぞれの方法にあわせた関連機器が必要です。

　高周波焼入れは、加熱に炉を使用しないので、その代わりとして高周波コイルが必要です。汎用性のある高周波コイルもありますが、基本的にはそれぞれ

第3章 きちんとした準備・段取りが不具合を防ぐ

図 3-16 | 焼ならし工程と設備、関連機器、備品

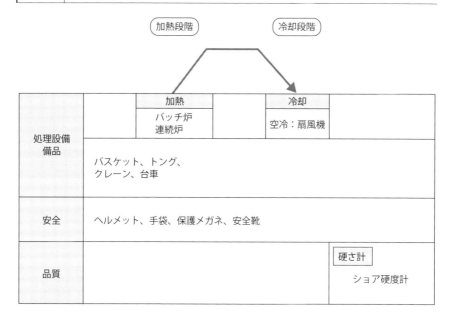

図 3-17 | 焼なまし工程と設備、関連機器、備品

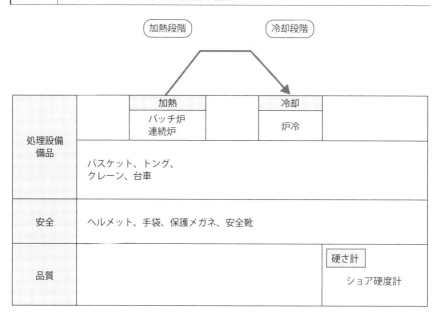

の部品の形状にあわせることが求められるため、個別に準備しなければなりません。

浸炭は、炭素を鉄鋼材料表面から浸透させるために、炭素元素を供給するた

図 3-18 焼入れ焼戻し工程と設備、関連機器、備品

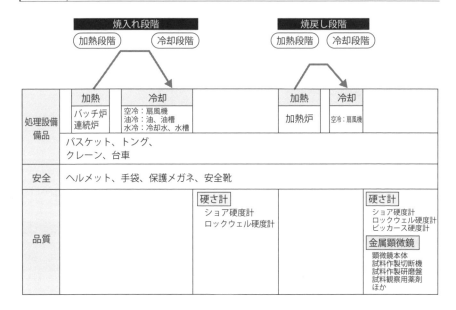

図 3-19 高周波焼入れ焼戻し工程と設備、関連機器、備品

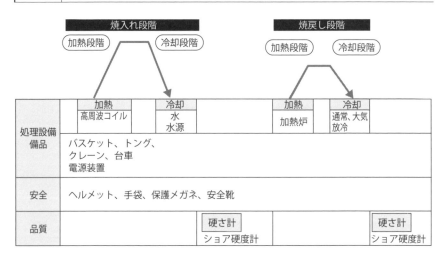

めの材料（アンモニアガス、一酸化炭素ガスなど）を準備する必要などがあります。

熱処理の目的に応じた設備や関連機器の準備に加えて、熱処理後の品質確認のための検査装置も必要です。硬さ計としては、測定で圧痕が残らないショア硬度計がよく使われます。さらに、硬化層深さや金属組織の確認など、試料を採取して内部品質を確認するための関連機器も必要です。

そして重要なのは、作業安全を確保するための準備と段取りです。

現場における災害は、当然やるべきことをやっていないために起こることがほとんどです。「上司の指示だから」、「昔からこうやっているから」、「時間がないから」、「予算がないから」…。考えればわかることなのですが、作業者1人ひとりが十分に考えていないことが問題であり、それが災害につながることが多いのです。現場ごとにいろいろな事情はあるでしょうが、守るべきものは何かを十分に認識することで、安全性は確保されるはずです。ぜひ常日頃から、安全を意識してください。

図 3-20 浸炭工程と設備、関連機器、備品

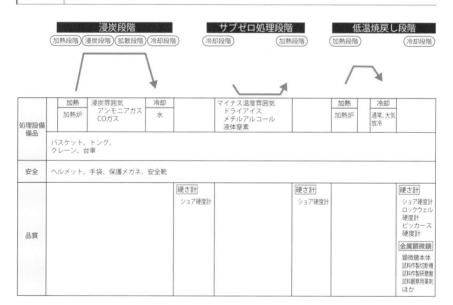

要点 / ノート

熱処理作業の際に用意すべき設備や関連機器、備品は、基本的には同じですが、それぞれの内容によって固有のものもあります。大切なことは、生産性、品質、安全の観点から、それぞれにあったものを揃えることです。

2 現場で進める準備と段取り

熱処理作業の手順

　熱処理の実作業に当たっては、品質の確保、効率、安全作業を同時に実現しなければなりません。ここでは、品質の確保を中心に、熱処理作業の準備と段取りを説明します。もっとも重要な点は、「作業手順書」を整備することです。作業工程を明確にすることで、それぞれの工程で「どのようなことを、どのような要領で進めていくか」を作業者に知らしめるためのものです（図3-21）。

図 3-21　作業工程の例

作業手順	素材		設備	
	項目	内容	項目	内容
1	受け入れ	①成分確認、②事前焼ならし、もしくは焼きなましなどの前工程内容を確認		
2			予熱炉の準備	設定温度、設定時間などを入力
3	前処理	洗浄（洗浄方法、洗浄剤の種類と量）など		
4	刻印（タッグ）	識別方法		
5			焼入れ炉の準備	設定温度、設定時間などを入力
6	焼入れ	部品などを搬入		
7	部品の取り出し	部品などを取り出す		
8	洗浄			
9	硬さ測定			
10			サブゼロ処理炉の準備	
11	サブゼロ処理	部品などを搬入		
12	部品の取り出し	部品などを取り出す		
13	硬さ測定			
14			焼戻し炉の準備	
15	焼戻し	部品などを搬入		
16	部品の取り出し	部品などを取り出す		
17	硬さ測定			
18	寸法検査と品質検査			
19	曲り取り			
20	最終確認（仕上げ）	ショットピーニング、ホーニング、防錆油塗布など		

【作業手順1】受け入れ

ここでは素材について、

- 成分（鉄鋼材料の種類と成分）
- キズなどの表面状態
- 前加工情報（焼ならし、もしくは焼なましなど）

を確認します。

また、素材受け入れ時には、図面および添付の仕様書など、熱処理の要求内容が示された書類をよく確認しなければなりません。図面には形状、寸法だけでなく、熱処理部位や硬さ指示などが明記されています。場合によっては、熱処理条件まで記載されていますので、要求内容を詳しく確認します。

成分については、鉄鋼材料メーカーが発行する「ミルシート」で確認することができます（**図3-22**）。熱処理する部品が間違いなく指示された材料であることを確認します。

表面状態は、熱処理後に割れなどの不具合を誘発するようなものがないかを確認します。

前工程の情報としては、鍛造品、鋳造品、切削加工品であれば加工応力が残っていないか、合金鋼であれば炭化物などが網目状に存在し均質性を阻害していないかを確認します。この情報はミルシートに記載してある場合もありますが、組織観察も1つの方法です。炭化物が均一な球状であることが後々の品質に優位に働くため、後工程における切削不良やひずみ、変形などの不具合原因にならない状態であることを確認しておく必要があります。

図3-22 ミルシートのサンプル

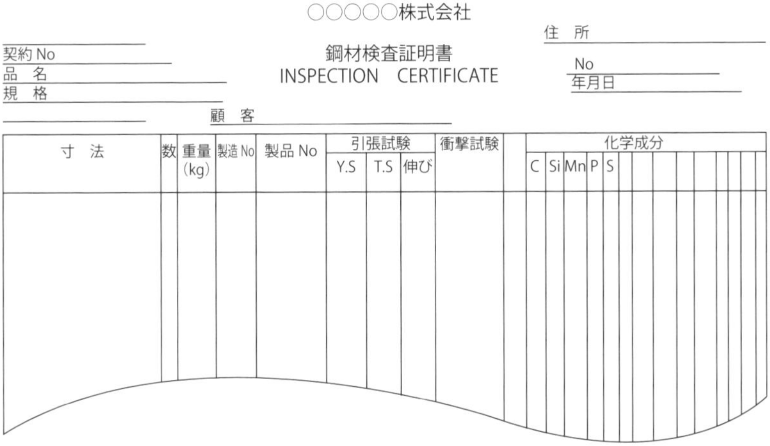
○○○○○株式会社
住 所
契約No
品 名
規 格
鋼材検査証明書
INSPECTION CERTIFICATE
No
年月日
顧 客

寸 法	数	重量(kg)	製造No	製品No	引張試験			衝撃試験		化学成分												
					Y.S	T.S	伸び			C	Si	Mn	P	S								

作業の順序にあわせて作業名称、作業内容などを示した作業手順書を用意します。図3-23にサンプルを示します。

図3-23　作業手順書のサンプル

作業手順書	作成日					承認書	作成者	担当者
	工程		熱処理					
	部品名：			図番：		重量・数：		
作業順	作業名称	作業内容		作業者	作業時間	使用道具・帳票類	作業上のポイント	
1	受け入れ	①成分チェック ②事前処理内容チェック（球状化焼なましの必要性を判断） ③図面チェック ④仕様書チェック		Aさん		ミルシート 図面 仕様書		
2	予熱炉準備	①電源スイッチON（設定温度　　　℃）		Aさん		焼入れ炉 ○○炉 (メーカー名)		
3	前処理	①品物をバスケットごと洗浄桶に浸漬する ②時間浸漬 ③乾燥		Aさん		洗浄液 （　　） エアブロー	洗浄剤の環境への悪影響を確認 手袋を着用	

【作業手順2】予熱炉の準備

　予熱を必要する予熱炉の場合は、作業がスムーズに進むように適切な時間に電源を入れておくなどといった事前準備を行います。取り付け治具など段取りと、予熱の加熱温度や時間などを記載します。

【作業手順3】前処理

　部品の表面に油脂類など不要なものが付着していないかを確認し、必要に応じて洗浄を行います。洗浄に使用する薬剤を記載します。

【作業手順4】刻印（タッグ）

　部品の識別のために刻印をしたり、ロットごとの識別マーク付けなどを行います。

【作業手順5】焼入れ炉の準備

　添加元素が多い高合金鋼など、元素が溶け込むために十分な時間を要するものや、不連続部の多い形状の部品に対して均一加熱を図るために予備加熱を行います。部品の出し入れについて、具体的な作業要領や段取りを記載します。

【作業手順6】焼入れ（加熱と冷却）

　加熱炉への搬入手順、炉内セット方法、加熱温度と保持時間を記載します。

段階的に加熱を行う場合は、おのおのについて加熱のパターン図を記載します。脱炭防止剤などを使用する場合は、その種類や投入量、投入要領を記載します。

冷却方法を記載します。例えば油冷の場合は、使用油脂の種類、設定温度と保持時間などです。

【作業手順7】部品の取り出し

クレーンなどを使用して取り出す場合は、その具体的な作業要領を記載します。

【作業手順8】洗浄

洗浄槽への移動方法、使用する洗浄剤、洗浄要領を記載します。

【作業手順9】中間硬さ測定①

硬さ測定場所までの具体的な移動方法、シェア硬度計を使用した硬さ測定などの測定要領を記載します。測定後は、測定結果を記録します（**図3-24**）。

図3-24 検査結果シートのサンプル

検査結果シート		作成日				担当者	
		作業手順番号					
		部品名：		図番：			
作業順	作業名称	製品番号	硬さ（HRC）	外観観察	磁粉探傷試験	備考	
1	焼入れ	No1					
2		No2					
3		No3					
4		No4					
5		No5					
8	サブゼロ処理						
9							
10							
13							
14	焼戻し						
15							
16							
18							
19	曲り取り後(完成)						
20							
21							
22							
23							
24							

【作業手順10】サブゼロ処理炉の準備

サブゼロ処理の設備までの移動方法、セット方法、保持時間を記載します。

【作業手順11】サブゼロ処理
　焼入れ後、残留オーステナイト組織を強制的にマルテンサイト組織に変態させるために常温より低い温度へ冷却する熱処理です。

【作業手順12】部品の取り出し
　サブゼロ処理後の部品取り出し要領を定めます。

【作業手順13】中間硬さ測定②
　サブゼロ処理後の硬さ測定の測定要領を記載します。測定後は、測定結果を記録します。

【作業手順14】焼戻し炉の準備
　焼戻し炉の事前準備を行います。焼戻し炉への搬入手順、炉内セット方法、加熱温度と保持時間を記載します。

【作業手順15】焼戻し
　焼戻しの加熱方法とその後の冷却方法を記載します。

【作業手順16】部品の取り出し
　焼戻し後の部品をクレーンで吊り上げ移動するなどの要領を記載します。

【作業手順17】最終硬さ測定
　最終硬さ測定の測定要領を記載します。測定後は、測定結果を記録します。

【作業手順18】寸法検査と品質検査
　寸法検査と品質検査の検査要領を記載します。その後、検査結果シートを作成します。

【作業手順19】曲り取り
　曲り取りなどの矯正が必要な場合には、曲り取り要領などを記載します。

【作業手順20】最終確認（仕上げ）
　熱処理完成品の梱包要領や搬送方法を記載します。あわせて検査結果シートや作業チェックシート（図3-25）の内容を確認します。
　ここにあげた作業手順書は1つの例です。各種の要領書などに決められた様

式はありません。実際の部品や熱処理内容に即した個々の作業手順書を用意して、作業結果を記録として残すようにします。熱処理は、個々の部品によって作業内容や条件が異なります。教科書通りのやり方では通用しないことの方が多く、1つひとつがノウハウといえる内容であるため記録はきちんと蓄積していくことが大切です。

図 3-25　作業チェックシートのサンプル

作業チェックシート		作成日				確認者	担当者
		作業手順		熱処理			
		部品名：		図番：			
作業順	作業名称	製品番号	開始時間	終了時間	保持時間	使用設備	担当者
1	予備加熱						
2	焼入れ						
3	サブゼロ処理						
4	焼戻し						
5							

要点　ノート

作業手順書は、作業を確実に遂行するために細かなところまで記載しておくべきものです。技術的な裏づけと、経験に基づいたノウハウなど作業要領も現場では非常に大切な情報です。

ミニコラム　●　熱処理作業の IoT 化　●

熱処理は難しい作業です。鉄鋼材料は、温度変化で変態を起こして体積が膨張します。熱は、物体内を表面から内部へと移動し、組織の変態挙動もそれに合わせて起こります。この熱の挙動をモニタリングできれば、ひずみや変形といった不具合を少なくできるのではないかと思います。コンピュータを使った解析方法も研究されており、その成果に期待しています。IoT（モノのインターネット）やAI（人工知能）の時代に、熱処理の世界もついていけるようになるのだろうかと興味津々で、期待多しという心境です。

一昔前、「天気予報は当てにできない」といわれていた時代がありましたが、今はかなり予報精度が上がっています。地球上の観測データを緻密に採取できるようになって、自然の状態を正確に把握できるようになっているからと考えられます。鉄鋼材料の熱処理においても内部の温度が刻々と変化することに応じて次に何が起こるかを正確、かつタイムリーに予測できると、それに対応する処置をリアルタイムに講じることが可能になるのではと想像しています。

2 現場で進める準備と段取り

均熱化（予熱、段階的加熱）

　熱処理の不具合には、ひずみ、寸法変化、割れなどがありますが、その主要な原因は熱の伝達状態にあります。鉄鋼材料は、加熱によって膨張し、ある温度で変態します。熱の伝達にともなって部位間に温度差ができるため、熱膨張や変態による体積変化が生じます。これが、ひずみや寸法変化、割れにつながります。不具合を出さない対策として、予備加熱（予熱）や徐熱、段階的加熱など、温度の不均一状態を小さくする工夫が求められます。

❶予熱・徐熱
　熱処理にかかわらず、何かを加熱する時、急激な温度変化は周辺に対して良くない影響を与えることがあります。一気に加熱するのではなく、まずはある低い温度まで加熱して一定の時間を保った後に、より高い温度に加熱すると問題は出にくくなります。

　部品の形状にやむなく急変部が存在する場合などは、できるだけ全体を同じ温度にしながら昇温させるためにゆっくり加熱すると、大きなひずみや内部応力の発生を抑えることができます。生産性や効率だけを優先すると、思わぬ不具合が出ることがあります。図3-26に工具鋼の熱処理パターンの例を示します。

❷段階的加熱
　高合金鋼において炭化物がオーステナイト組織に溶け込む時、炭化物の融点が高いなどの理由で溶け込む時間がかかる場合には、十分な時間をとる必要があります。この場合も一気に加熱するのではなく、段階的に加熱していくことで均質化を図ります。

　金型鋼なども高炭素・高合金材料なので、熱処理の温度管理には注意が必要です。図3-27に冷間金型鋼の熱処理パターンの例を示します。徐熱に加えて、段階的に一定温度の保持時間をとっています。同じ冷間金型鋼であっても、鉄鋼材料メーカーによっては1次予熱だけ推奨するものがあるなど、熱処理条件は必ずしも同じではありません。添加している元素の種類や量が微妙に異なっているためで、それぞれのメーカーがベストな条件を提示してくれています。そういう場合は、メーカー推奨条件を採用してください。JISなどの標準的な手順より、間違いなく良い性能が得られます。

第3章 きちんとした準備・段取りが不具合を防ぐ

図 3-26 | 工具鋼の焼入れ処理パターン図

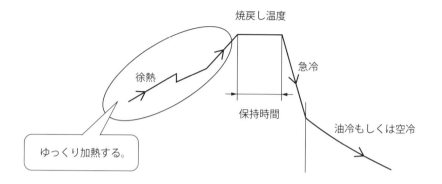

図 3-27 | 冷間金型鋼の焼入れ処理パターン図

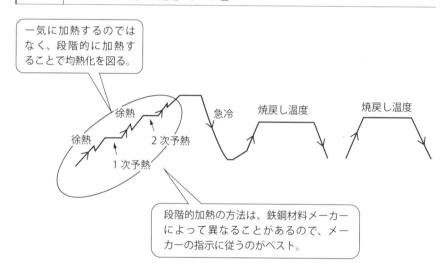

要点 ノート

徐熱や段階的に加熱する目的は、熱膨張や変態による体積変化への対応と、炭化物が均質に溶け込むために均熱化を図ることです。

❰2❱ 現場で進める準備と段取り

焼戻しの注意点

❶焼戻しのタイミング

　焼入れは、変態点以上の温度から急冷することでマルテンサイト変態を起こす作業です。500℃付近のS曲線のノーズ領域で速く冷却することで、多くのマルテンサイト組織が生成されて、硬さを得ることができます。

　その後、内部の粘さを得るために焼戻しを行いますが、焼戻しまでの時間を長くあけ過ぎると焼戻し効果が薄れるため、できるだけ焼入れ直後、速やかに行います。段取りの都合などですぐに焼戻しの時間がとれない場合は、60～100℃で冷却して、その後の残留オーステナイト組織の変態などの影響を少なくさせる必要があります。例えば、焼入れ後の焼戻しを翌日などに先延ばしにすると、その間にマルテンサイト組織に変態しきれなかった残留オーステナイト組織が安定してしまい、長くオーステナイト組織のままで残ります。その後、常温において徐々に変態していくため、寸法変化などの原因になります。

❷焼戻しの回数

　通常、金型鋼や高速度鋼などの合金鋼は、焼入れ後の焼戻しを複数回に分けて行います。炭素やクロム（Cr）、タングステン（W）などを多く含む鉄鋼材料は、高温にすることでそれらの元素がオーステナイトに溶け込みます。そのため、高い温度での焼入れが必要となります。高温での焼入れ後には残留オーステナイト組織が多く残るため、硬さが出にくいことがあります。そこで、焼戻しを繰り返すことで、残留オーステナイト組織を減らします。これを「2次焼入れ」と呼ぶ場合もあります（「焼入れ」という表現も納得がいきます）。繰り返し焼戻しを行うことで、CrやWの炭化物が析出するため、さらに硬さも増します。この現象を「2次硬化」といいます。高速度鋼などは、最低でも2回は焼戻しを行います。

❸焼戻しの温度

　焼入れ温度が高いほど残留オーステナイト組織が多くなりますが、焼戻し温度は高いほど残留オーステナイト量が少なくなります（図3-28）。

　焼入れ温度と残留オーステナイト量の関係は、炭素量が多いものほど多くのオーステナイト組織が残ります。また、油冷より水冷、つまり冷却速度が速い

ほど、残留オーステナイト組織は少なくなります。**図3-29**に焼入れ温度と残留オーステナイト量の関係を示します。

図 3-28 焼戻し温度と残留オーステナイト量の関係

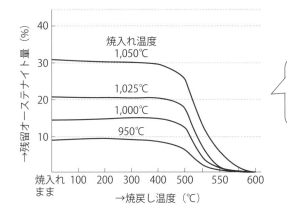

高温焼戻しは残留オーステナイト組織の量を大きく減らすことができる。

出典：「熱処理技術便覧」日本熱処理技術協会編、日刊工業新聞社、2000年

図 3-29 焼入れ温度と残留オーステナイト量の関係

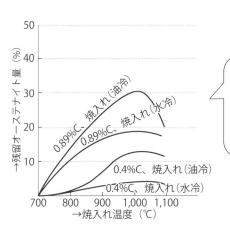

焼入れ温度が通常の 900℃程度まででは、焼入れ温度が高いほど、また、炭素量が同じ場合は冷却速度が速いほど、例えば油冷より水冷の方が残留オーステナイト組織は少なくなる。

出典：「熱処理技術便覧」日本熱処理技術協会編、日刊工業新聞社、2000年

> **要点｜ノート**
> 焼戻しは、焼入れで硬くなった組織の粘さを確保するという役割を担っており、焼戻しの条件によって残留オーステナイト組織を多く残す場合があり、焼戻しの方法や焼戻し温度の設定に注意が必要です。

2 現場で進める準備と段取り

浸炭の品質

　浸炭には、どのような品質が要求され、どのような不具合の可能性が考えられるでしょうか。浸炭は、自動車部品をはじめ多くの機械部品に使われている表面強化手段の1つです。機械部品など、曲げやねじりを受ける部品は表面層に大きな力がかかるため、表面を硬く強くすることが求められます。その付加は**図3-30**のような分布になりますが、その浸炭品質は、この分布状態に見合った強さを持つことが求められます。つまり、表面硬さが十分であることが求められます。

　硬化層分布上の問題としては、深さが指示値より浅い、深さにばらつきがあるなどが考えられます。深さが足りない場合は、内部を割れの起点とした破損原因になります（**図3-31**）。

　表面硬さの不良原因は、浸炭条件の不適もありますが、浸炭そのものの処理不良ではなく、表面層の脱炭や残留オーステナイト組織の多過や、結晶の粒界酸化現象（高熱時に結晶粒界が酸化される現象で粒界破壊の原因になります）といった現場処理作業の不手際もあります。脱炭は、処理時に還元性雰囲気ではなく、不活性ガス雰囲気などで対応します。また、粒界酸化についても、不活性ガス雰囲気の利用や真空浸炭への変更などで対応します。

　また、全面浸炭を必要としない場合や、浸炭を施してしまうと硬くなり過ぎたり、脆くなってしまう場合などには、浸炭の処理対象部位を限定するために「防炭」を行います。該当部位に炭素が侵入してこないように遮断する作業です。

　どの部位を防炭するかは、部品によって異なります。ここでは典型的な例としてねじ部の防炭方法を紹介します。

　自動車部品程度の大きさのねじは、先端部分が薄いため、高炭素状態だと非常に脆くなります。そういう箇所には防炭剤と呼ばれる塗料を塗るか、銅めっきを施します。また、ダミーのねじをねじ部にセットしてから浸炭することで、表面層からの炭素の浸入を防ぐという方法もあります。いずれも浸炭したくない面を浸炭雰囲気にさらさないようにします。その他、孔部の内面に銅栓をはめて、浸炭後に外すという手法もあります。

　防炭の理論は難しくありませんが、最適な手段を見極めるのが意外と大変で

す。例えば、小型で大量生産の部品に銅めっきを利用する場合、1つひとつの部品に部分めっきを施すのは非効率です。一方、長さが数メートルといった大物部品の局部めっきもなかなか難しい作業になります。それぞれの状況にあわせて、塗装を選ぶか、他の手法を適応するか、最適な手段を選択することが求められます。

図 3-30 | 機械部品などの負荷の状況（曲げ負荷）

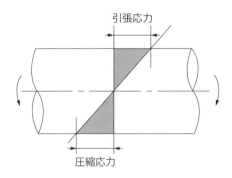

図 3-31 | 浸炭による硬化層の分布

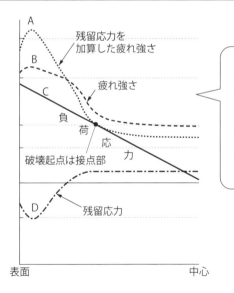

B は材料が持っている元々の疲れ強さ。D は浸炭により表面層部に残った残留応力。A＝B＋D は浸炭することで付加された疲れ強さを示す曲線。この材料に直線 C で示される負荷が作用すると、破壊の起点は曲線 A と直線 C の接点部となる。

出典：「熱処理技術便覧」日本熱処理技術協会編、日刊工業新聞社、2000 年

要点 / ノート

求められる浸炭の品質は、個々の部品によって異なります。要求品質に対して最適条件の設定などが必要です。

【2 現場で進める準備と段取り

クランクシャフトの熱処理に見る段取り

❶熱処理に求められる要件に見る段取り

　クランクシャフトは、熱処理しにくい製品です。形状がいびつで、肉厚も薄いところと厚いところが連なっているうえ、求められる機械的性質も複雑です。

　ジャーナル部やピン部は、ベアリングやコンロッドと摺動するので、硬さや耐摩耗性が求められます。ジャーナルやピンの付け根部分には、曲げ負荷やねじり負荷が繰り返しかかるため、疲れ強さが要求されます。そういった要求性能を満たすために、まずクランクシャフト全体を求められる強さになるまで、焼ならしもしくは焼入れ焼戻しといった熱処理を施します。さらに、ジャーナルやピン部の表面へ硬さを付与するために、高周波焼入れなど行う場合があります。

　このような複雑な要求に対して、いかにして指示通りの品質に仕上げるかを考えることが求められます。熱処理上の不具合で一番多いのが曲り変形です。1本の平行な丸棒を熱処理するのと違って、いたるところに形状の急変部があります。加熱により熱ダレも起こしやすく、寸法精度の確保が難しいのがクランクシャフトです。また、ピン部への後からの高周波焼入れでも、部分加熱の影響で隅R部は求められる精度の角度には仕上がりにくいものです。対応策としては、熱処理時に縦吊りセットを採用したり、固定治具を準備したりして、極力変形やひずみが出ないよう工夫することですが、完全に要求通りに仕上げることはかなりの熟練を要します。いかに効率良く処理するか、個々に応じた知恵と工夫が必要です。

❷鍛造焼入れ（衝風焼ならし）

　従来は、焼入れ焼戻しを施しているクランクシャフトを、コストダウンを図るために鍛造後に制御空冷（一種の焼ならし）を施した事例です。

　製造工程は、丸棒素材⇒鍛造⇒空冷⇒後加工となりますが、事前準備から説明します。まず、鍛造温度の上限値と下限値をテストで決定します。上限値は結晶粒の粗大化を防止（粒度管理）できる温度、下限値は鍛造が可能な軟らかさになる温度となります。

　通常、高炭素鋼の鍛造温度は1250℃程度です。これ以上高いと結晶粒が粗

大化し、強さも粘さも下がってきます。一方、低過ぎると大きな鍛造の力が必要となって、金型破損などの原因になります。また、鍛造後の冷却速度は速過ぎると固くなり過ぎて鍛造性に支障が出ます。ゆっくり過ぎても結晶粒粗大になります。そのため、鍛造温度も空冷も、厳密な条件管理が必要となります（図3-32）。

このように、鍛造加熱温度も結晶粒の調整と鍛造上の成形性から上限温度と下限温度が決められます。通常の焼ならし温度は、オーステナイト化からフェライト組織とセメンタイト組織への組織上の調整のみに注意すればいいのですが、加えて鍛造性にも留意することになります。

具体的には、鍛造焼入れの衝風焼ならしを行うためにベルトコンベア上に大型扇風機10台を間隔をあけて設置しました。冷却の目安値は50〜70℃/分で、ベルトの終端で部品の温度が500℃になるようなセッティングします。

なお、結晶粒度と衝撃値は相関があります。この事例のクランクシャフトは、農業機械にも使われる汎用エンジン向け仕様のため、クランクシャフト自体の耐衝撃性も高く求められました。材料試験および実態衝撃試験で耐衝撃性をテストし、結晶粒度と衝撃値の相関から結晶粒度がNo.7以上を管理値とし、最終品質管理は結晶粒度と硬さを指標と設定しました。図3-33にシャルピー衝撃値と結晶粒度のテスト結果を示します。

図 3-32 鍛造温度の設定条件

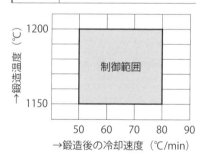

「HONDA R&D Technical Review」（Vol.16 No.2）

図 3-33 シャルピー衝撃値と結晶粒度の関係

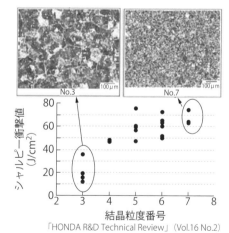

「HONDA R&D Technical Review」（Vol.16 No.2）

要点｜ノート

製品にどのような性能が求められるかで熱処理の仕様が決まります。焼ならしの条件においても、求める性能に対して十分応えるための仕様を設定することが必要です。

2 現場で進める準備と段取り

ミッションギアの熱処理に見る段取り

　浸炭でもっとも問題となる不具合は、表面硬さや強さ、疲れ強さが付加されないという状況です。これでは、浸炭した意味がありません。

　ここでは小型エンジンのミッションギアを熱処理する際に起こる不具合について考えてみましょう。

　求められる品質は、硬さ、歯元の疲れ強さ、歯面の耐摩耗性、歯元の耐衝撃性などです。材料は肌焼鋼で、熱処理として浸炭を施します。

　ミッションギアに要求される品質としては、歯面の耐摩耗性と歯元の疲れ強さがもっとも重要で、熱処理は浸炭が一般的です。表層部分は浸炭により高い強さを確保するため、できるだけ内部まで浸炭できる焼入れ性の良い材料を使います。さらに、ギアチェンジ時の耐衝撃性も確保するため、粘さの出るニッケル（Ni）や高温強度が期待できるモリブデン（Mo）を添加した合金肌焼鋼がベストな選択といえるでしょう。

　浸炭は、液体浸炭、ガス浸炭、真空浸炭などがありますが、それぞれに特徴とメリットがあり、生産性やコストなどを含めて総合的に判断します。

　液体浸炭とガス浸炭は、浸炭の入り方が少し異なります。また、液体浸炭はシアン系の薬剤を使用するため、環境負荷に対する配慮も必要です。真空浸炭は、粒界酸化が少ないといった特徴があります。

　浸炭方法は、どのような材料にどのような品質を求めるかにより選択します。それぞれの要求品質に見合った熱処理の仕様を決めていきます。

　ミッションギアの材料としては、Ni、クロム（Cr）、Moを添加したSNCM材が適しています。他にはCr、Mo添加のSCM材なども選択肢となります。Niを有している材料は粘さに優れ、添加量が多いほど粘さが増します。SNCM420とSCM420を同じ条件でガス浸炭した場合、SNCM420の方が硬化層は浅くなります。Niが炭素浸入に対する抵抗になるからです。また、回転曲げ疲労試験で疲れ強さを確認してみると、SCM420の方がやや上という結果が出ました。

　最終的には、粘さの差を衝撃試験で確認して、Niの添加量が多いほど粘さが高いことから、歯元の耐衝撃性重視でNi添加のSNCM材を選びました。

【衝撃試験結果】

　Niをパラメーターとした材料の違いによる衝撃特性を、シャルピー試験で評価してみると、Niが多いほど衝撃値が高くなっています（図3-34）。

図 3-34 ｜ ニッケルの含有量と衝撃値

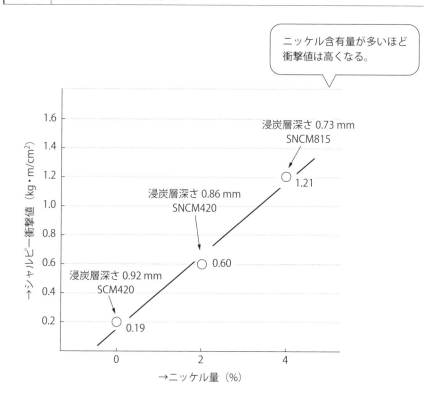

【疲れ強さ試験結果】

　SNCM420は、残留オーステナイト組織のマルテンサイト変態を促進するためにサブゼロ処理を行いました。SCM420は、サブゼロ処理を施さないで硬さ分布を測定しました。この条件でも、SNCM420の方が硬化層は浅くなっています。

> **要点　ノート**
>
> 材料と熱処理仕様は、硬さ、疲れ強さ、粘さ、耐衝撃性など、求められる複数の性能が絡みあって決定されます。最適なものを選ぶためには、知見とテストなどによる確認が必要です。

コラム

● 熱処理品質の評価 ●

　熱処理品質の評価をきちんと行うためには、処理した結果が所期の目的に適合しているか正しく証明されなければなりません。熱処理の品質は硬さにしても、強さにしてもピンポイントの値を保証することは難しく、許容する幅を定めて管理します。大切なのは、熱処理で得られた品質が部品としての機能品質を満たしているかという評価・確認です。これは製造部門責任である製造品質確認ではなく、部品設計仕様上の問題がないかの確認で、設計部門責任となる試作段階の試作性能確認です。

　一例としてギアの品質について紹介します。あるギアに対して、歯元の疲れ強さと歯面の耐摩耗性を付与するために浸炭を指示しているとします。材料に対しては、蛍光Ｘ線マイクロアナライザーなどの分析装置を利用して成分分析を行います。次に浸炭品質は、図面上で表面硬さ（ロックウェル硬さHRC58～62）と、硬化層深さ（表面から0.5～0.8mm）などを指示します。測定はビッカース硬度計を使用するため破壊検査となり、試料を切り取り、評価面を研磨し平坦に仕上げて測定します。ここまでは通常の品質検査と同じ要領です。

　次に例えばロット毎に、得られた浸炭品質で実用上問題はないか、部品設計仕様上の確認を行います。まず、ギア単体で疲労試験を行います。10の7乗回以上の繰り返し荷重をかける評価です。この時、ここが重要なところで、表面硬さ、硬化層深さとも指示値の最下限値品で評価しますが、一方、耐衝撃性は最上限値品で確認、評価するのです。

　これらのギア単体でのテストが終了すると、次に実機にギアを組み込んだ耐久試験を行います。耐久試験はギアだけが着目されるのではなく、すべての構成部品が対象です。ここの責任は単体部品を製造する製造部門ではなく、アセンブリを担当する部門になります。ここでも、耐衝撃性は別途指示値の最上限値品で見極め評価を行います。

　ほんの1つの部品であっても、これだけの確認作業を経て世に出るのです。

【参考文献・引用文献】

1) 「JISハンドブック42 熱処理」日本規格協会編、日本規格協会(2016)
2) 「鉄鋼材料選択のポイント」大和久重雄著、日本規格協会(1975)
3) 「熱処理技術便覧」日本熱処理技術協会編、日刊工業新聞社(2000)
4) 「熱処理用語辞典」日本熱処理技術協会編、日刊工業新聞社(2002)
5) 「熱処理の基礎Ⅰ」日本熱処理技術協会編、日刊工業新聞社(1971)
6) 「金属材料疲労設計便覧」日本材料学会編、養賢堂(1978)
7) 「JISによる熱処理加工」大和久重雄著、日刊工業新聞社(1971)
8) 「熱処理108つのポイント」大和久重雄著、大河出版(1986)
9) 「小型汎用エンジンクランクシャフト用高じん性非調質・鉛フリー快削鋼の開発」清水慎吾・田原譲著、HONDA R&D Technical Review(Vol.16 No.2)、本田技術研究所(2004)

【索引】

英

A_1 線	26
A_3 線	26
A_{cm} 線	26
CCT 線図	25、30
Mf 点	10
Ms 点	10
Ms 点、Mf 点と炭素量の関係	11
S-N 線図	92
TTT 線図	24、28

あ

アルミニウム合金	54
アルミニウム合金の質別記号	54
応力除去焼なまし	60
オーステナイト	8、24
オーステンパー	28、68

か

荷重（応力）―伸び（ひずみ）線図	17
硬さ	16、82
硬さ分布	84
金型鋼	42
完全焼なまし	60
機械構造用鋼	36
球状化焼なまし	60
金属組織観察	88
均熱化	130
クロム（Cr）	38
結晶粒度観察	89
研削割れ	114
研磨割れ	114
合金鋼	32
工具鋼	40
高周波焼入れ	72
高速度鋼	44
高炭素鋼	34
固溶化処理	70
固溶化処理・析出硬化処理	10

さ

材料成分分析	80
作業手順書	124
サブゼロ処理	66
残留応力	100
残留オーステナイト	10
軸受鋼	46
時効処理	70
質量効果	20
磁粉探傷試験	80
シャルピー衝撃試験	94
純鉄の変態点と組織	9
ショア硬さ測定	82
衝撃試験	94
徐熱	130
ジョミニー式焼入れ試験	20
真応力―真ひずみ線図	90
浸炭	74
浸透探傷試験	80
水素脆性割れ	110
ステンレス鋼	50
セメンタイト	24
全体熱処理	18
ソルバイト	24、64

た

耐候性試験	96
耐衝撃性	16
耐食性試験	96
段階的加熱	130

タングステン（W）	38
炭素鋼	32
窒化処理	76
中炭素鋼	34
鋳鉄	52
疲れ強さ	16
低炭素鋼	34
鉄鋼5元素	9
鉄鋼材料の種類	33
鉄－炭素平衡状態図	24、26
鉄の原子構造	9
添加元素の働き	38
添加元素の焼入れ性効果	20
等温処理	68
等温変態状態図（TTT線図）	24、28
等温焼なまし	60
トルースタイト	24、64

な

軟窒化処理	76
ニッケル（Ni）	38
熱応力	22、100
熱処理工程	118
伸び	16

は

肌焼鋼	36
バナジウム（V）	38
ばね鋼	48
パーライト	24
ひずみ	100、112
引張試験	90
引張強さ	16
火花試験	86
表面硬さ	82
表面熱処理	19
疲労試験	92
品質確認	78
フェライト	8、24
ブリネル硬さ測定	82
ベイナイト	24
変態	8
変態応力	22、100

ま

曲り	102
マルクエンチ	28、68
マルテンサイト	24
マルテンサイト変態	10
マルテンパー	68
マンガン（Mn）	38
ミルシート	125
目視観察	80
モリブデン（Mo）	38

や

焼入れ	62
焼入れ硬さと炭素量の関係	11、35
焼入れ鋼	36
焼入れ時の組織変化	25
焼入れ性	20
焼なまし	60
焼ならし	58
焼むら	106
焼戻し	64
焼戻し時の組織変化	25
焼戻し脆性	108
予熱	130

ら

連続冷却状態図（CCT線図）	25、30
ロックウェル硬さ測定	82

わ

割れ	104

著者略歴

田原　譲（たはら　ゆずる）
田原技術士事務所　所長、技術士（金属）

1950 年	岡山県生まれ
1974 年	愛媛大学工学部冶金学科卒業。非破壊検査会社に入社、原子力発電所の圧力容器・配管、タンクなどの検査業務に従事
1979 年	㈱本田技術研究所（朝霞研究所）入社。2 輪車のクランクシャフト、ギア、ピストンなどの材料研究・開発を担当
1996 年	本田技研工業㈱（浜松製作所）にて受入れ部品の品質管理、完成車ラインの品質管理を担当
2000 年	本田技術研究所（朝霞東研究所）にて汎用機器（船外機、発電機、耕運機など）の材料研究・開発を担当
2004 年	本田技研工業（汎用品質改革部）にて汎用機器の市場品質対応を担当
2009 年	本田技研工業を退職。技術士事務所を設立し現在に至る

日本技術士会会員（金属）、埼玉県産業技術総合センター・技術アドバイザー、熱処理メーカー・技術コンサルタント、講演会講師（熱処理関連）、安全保障輸出管理・セミナー講師　など

主な著書
「これだけ！めっき」秀和システム（2015）

NDC 566

わかる！使える！熱処理入門
〈基礎知識〉〈段取り〉〈実作業〉

2019 年 1 月 30 日　初版 1 刷発行　　　　　　　　定価はカバーに表示してあります。

ⓒ著者	田原　譲	
発行者	井水　治博	
発行所	日刊工業新聞社	〒103-8548 東京都中央区日本橋小網町14番1号
	書籍編集部	電話 03-5644-7490
	販売・管理部	電話 03-5644-7410　FAX 03-5644-7400
	URL	http://pub.nikkan.co.jp/
	e-mail	info@media.nikkan.co.jp
	振替口座	00190-2-186076

企画・編集	エム編集事務所
印刷・製本	新日本印刷㈱

2019 Printed in Japan　落丁・乱丁本はお取り替えいたします。
ISBN 978-4-526-07917-7　C3057
本書の無断複写は、著作権法上の例外を除き、禁じられています。